木 易◎著

别减缓了你成功的速度

北京工艺美术出版社

图书在版编目（CIP）数据

别减缓了你成功的速度 / 木易著 .— 北京：北京工艺美术出版社，2017.6

（励志 · 坊）

ISBN 978-7-5140-1199-9

Ⅰ . ①别… Ⅱ . ①木… Ⅲ . ①成功心理—通俗读物 Ⅳ . ① B848.4-49

中国版本图书馆 CIP 数据核字（2017）第 029997 号

出 版 人：陈高潮

责任编辑：杨世君

封面设计：天下装帧设计

责任印制：宋朝晖

别减缓了你成功的速度

木 易 著

出　　版	北京工艺美术出版社
发　　行	北京美联京工图书有限公司
地　　址	北京市朝阳区化工路甲 18 号 中国北京出版创意产业基地先导区
邮　　编	100124
电　　话	（010）84255105（总编室） （010）64283630（编辑室） （010）64280045（发 行）
传　　真	（010）64280045/84255105
网　　址	www.gmcbs.cn
经　　销	全国新华书店
印　　刷	三河市天润建兴印务有限公司
开　　本	710 毫米 ×1000 毫米　1/16
印　　张	18
版　　次	2017 年 6 月第 1 版
印　　次	2017 年 6 月第 1 次印刷
印　　数	1 ~ 6000
书　　号	ISBN 978-7-5140-1199-9
定　　价	39.80 元

MULU 目录

找准前进的方向

MULU 目录

选择坚持和思考

时间是你的第一成本

目录

保持对自己的控股权

不要忘了断舍离

找准前进的方向

做人应该有一个正确的信仰，

应该有一个坚定的信心。

信仰是引导我们走向成功的航灯，

自信是达到人生顶峰的动力。

信仰是引导我们走向成功的航灯

有位哲人曾说过，未经思考的人生是虚度的人生，等于没有灵魂，不值得一过，而人生的最高思考，就是信仰。信仰就是一个人对人生观、价值观和世界观的持有。不同的信仰，反映的是不同的世界观，体现着一个人生命的宽度和厚度。

从古至今，不缺少有信仰的人。庄子濮水边执竿而不顾，淡泊名利，甘心做守望心灵月亮的树。他很孤独守望着，但那朵精神的花一直让后世顶礼膜拜。司马迁能忍辱负重，是因为他有“人固有一死，重于泰山或轻于鸿毛”的人生信仰。谭嗣同甘愿为变法流血牺牲，“我自横刀向天笑，去留肝胆两昆仑”，这样的豪言壮语回荡在历史长河的两岸。人一旦没有了信仰，不是空虚就是颓废，活在世界上也只能是行尸走肉，徒有一具躯壳。

人如果没有信仰，犹如航海没有罗盘，犹如在黑暗中行走，辨不清楚自己该往哪走，没有目标，随波逐流，活在世上也是每天浑浑噩噩。有了信仰，对生命才能有所敬畏，有所取舍。信仰是在于相信人生应该有崇高的追求，有超出世俗的理想和目标，并且为此而努力奋斗，有不达目的誓不罢休的精神。真正看重信仰的人，决不盲目相信某一种流行的宗教或思想，而是通过独立思考来寻求和确定自己的信仰。信仰是内心的光，它能照亮一个人的人生路程。

那么，做人应该怎样去践行自己的信仰呢？个人理解认为主要有以下五点：

1. 拥有信仰之心的人，应该要有抱负之心

抱负是个人心中的理想或目标，在信仰的基础上还有行动意愿，相较而言，抱负直指行动或者更侧重行动。我们在人生的过程中，用心观察着周围的人，用力模仿着周围的人，根据自己的特点喜好，不断地进行自我调整，不断充实塑造着自己，为现在和将来找准位署，搭上通往梦想的列车。

中国本来是有信仰体系和精神支柱的，那就是孔孟之道，信仰是超脱的，是高于生活的，心中只要有信仰前进就会有方向。人没有幸福感，就会对工作生活失去信心，更谈不上动力。因而必须要面对现实，正视现实，昂首挺胸。做人要有信仰，做事要有信心。信仰是指路明灯，信心是前进动力。打垮自己的，不是别人，而是你自己。定位需要参照系，需要明确坐标。我们应该坚持什么样的人生态度，应该以什么样的方式去做事，完全依赖于我们的自我定位。

“人”活着要有信仰、信仰能使人在逆境中寻求快乐。人活着要有抱负，只有有抱负的人在追求过程中才会产生动力，才会有活力，不论结果如何都会感到快乐。“人”都会有欲望，都会追求名、利，只要我们追求名利的手段是健康的，是合理合法的，不会侵害他人，我们追求名利的过程和结果都会是快乐的，“人”不能有奢望，不能产生贪欲，贪得无厌的人是一辈子都不会快乐，只有知足者才会常乐。

2. 拥有信仰之心的人，应该要有求真之品

人来到这个世上，的确都在为自己的信仰活着。一个有真正信仰的人必定是一个求真的人，真，是他们的生命底色。他们把生命的真实与历史的真实看得高于一切，重于一切。人生成功的道路得靠自己闯，做人有困惑，做事有困境，世上没有一帆风顺的事，只有坚强不倒的信心与毅力。

人来到这个世上，的确都在为自己的信仰活着。信仰就是悬挂在这条路上的一盏明灯。信仰能够将上苍赋予我们的自然生命塑造并升华成具有高尚品格和坚定意志的精神生命。危急情形下，信仰支撑我们坚定；严峻困难面前，信仰促使我们顽强。信仰可以给人带来积极向上的力量，我们应该用信仰净化心灵，以信仰铸就辉煌，靠信仰实现梦想，谱写出人生的壮美诗章。

真正有信仰不在于相信佛、上帝、真主或别的什么神，而在于相信人生应该有崇高的追求，有超出世俗的理想和目标。如果说宗教真的有一种价值，那也仅仅在于为这种追求提供了一种容易普及的方式。但是，一普及就容易流于表面的形式，反而削弱甚至丧失了追求的精神内涵。所以，真正看重信仰的人决不盲目相信某一种流行的宗教或别的什么思想，而是通过独立思考来寻求和确立自己的信仰。

3. 拥有信仰之心的人，应该要有自信之慧

信仰是内心的光，它照亮了一个人的人生之路。没有信仰的人犹如在黑暗中行路，不辨方向，没有目标，随波逐流，活一辈子也只是浑浑噩噩。当然，一个人要真正确立起自己的信仰，这不是一件容易的事，不但需要独立思考，而且需要相当的阅历和比较。在漫长的人生道路上，改变信仰的事情也是经常发生的，不足为怪。在我看来，在信仰的问题上，真正重要的是要有真诚的态度。

所谓真诚，第一就是要认真，既不是无所谓，可有可无，也不是随大流，盲目相信；第二就是要诚实，决不自欺欺人。有了这种真诚的态度，即使你没有找到一种明确的思想形态作为你的信仰，你也可以算作一个有信仰的人了，因为你至少是在信仰着一种有真诚追求的人生境界。事实上，在一个普遍丧失甚至嘲侮信仰的时代，也许唯有在这些真诚的寻求者和迷惘者中才能找到真正有信仰的人呢。

人的信仰很大程度上决定着一个人的命运，有人信仰金钱，它就无端至上，以至于让金钱湮灭了人性。钱固然是好东西，但君子爱财取之有道。只是有人在这条道上越走越远了，枉自断送了性命。有人信仰着上帝或是佛祖，不敢在世间轻留有悖于道德伦理的事，不敢轻吐一句亵渎神灵的言语，相信自己在来世的轮回里可以做一个高贵的人，他们的心灵慢慢地在苦难的生活里被升华了。

4. 拥有信仰之心的人，应该要有自爱之德

信仰，一切源于自爱。自爱是一个人喜好他所喜好的，并爱他所爱的。因为凡人所爱的事，不管那件事是他自己的幸福，或是别人的幸福，对于他都是愉快可爱的。难怪他们以为一切的爱，都可解释为自爱了。

无疑，不问一个人爱的是什么，他的爱都可解释为他爱所爱的，若自爱只是指一个人爱他自己认为愉快而可爱的，厌恶他所不喜欢的，这不啻为自爱一辞，来指人所普遍具有的爱或恶的能力，或喜悦或不喜悦的能力，也即是人有意志的能力。

因为若无事物能使人生爱恶之心，那么他就不能有志向。但若他能够有志向有抉择，那么，他所倾向所抉择的，就是使他愉快的；不问他所选择的是什么，或是他自己私人的益处，或是他邻舍的益处，或是神的荣耀。只要那是他所喜悦的，那就是他快乐幸福的一部分。

信仰还让人学会爱己爱人。每一个拥有信仰的人，必先要做的是爱自己。有的人在基督教义的认知里，了解到它让每一个信仰她的人明白，哪怕你一无是处，罪责累累，只要你肯皈依，肯醒悟，上帝都会原谅你，因为你的存在始终都是有价值的。那么，如果连上帝都肯原谅你，你有什么理由不原谅自己呢？人不能失了信仰，以他人为信仰也好，以宗教为信仰也好，以自己为信仰也好，总之是不能放弃信仰，有信仰就有坚持，就有

活下去的动力。

5. 拥有信仰之心的人，应该要有乐观之态

人这一辈子，不容易。走的路越多，经历的坎坷也越多，感慨也便越多。有时候，一部分人便会越战越勇，而另一些则偃旗息鼓了。于是，有的人悲观看世界，有的人则依旧乐观看待世界。悲观的人往前走的路，可能会越走越窄；而乐观的人，则路会越走越宽。

人生的路在于敢往前走，在于敢探索自己不曾走过的路，在于敢在摔倒之后爬起来。这种不屈不挠的精神，不只是悲观和乐观两个态度的问题，而是在这悲观和乐观的背后，是坚定的人生信仰。

乐观的人，看到了花谢，虽然会惋惜，但他知道这是生命的历程，他知道，这花曾经绽放过，虽然凋谢了，但明年它还会再开。而悲观的人，即使看到花开，也会立即想到花谢。同样度过了一天，悲观的人会说“哎！又少了一天”，而乐观的人会说“啊！又多了一天！”

一个乐观人的信仰，应该有一个坚定的信心。要使昨日的理想成为今天的现实，光靠愿望和祈祷是不行的，必须砥砺人生，磨砺出一颗智慧的头脑和将一切看透的心灵；必须脚踏实地，一个脚印一个脚印走下去。让我们去坚定的相信美好未来吧，这样我们的生活就充满阳光！

信仰是引导我们走向成功的航灯，自信是达到人生顶峰的动力。美好的前途来自于自强、自立、自信，不达目的不罢休，咬定青山不放松，打垮自己的往往不是别人而是自己，不要把一次的失败看成是人生的终审。逃是懦弱的，避是消极的，退就显得更加无能。

活总是充满太多的未知，我们可以做很多实际的事情来为之准备，我们可以用最坏的打算为自己寻找后路。而我想说的是，让我们去坚定地相信美好未来吧，这样我们的生活就充满阳光，而我们也会有更多的勇气面对阴霾！

有理想的人做为一个有信仰的人，他的灵魂将有一盏指路明灯，在他迷茫的时候指引他的归处，在他痛苦的时候，他会有无限的勇气从信仰中获得，只是因为他有个坚定的信仰。

走过很多路 才明白了这些道理

[1]

有朋友在回复中问我：老雾，你好像不太爱说男女情感的事儿，是不是受过伤？

这个……伤是没受过，但受过刺激。

很严重的刺激。

[2]

几年前的事儿了，深圳的朋友打电话给我，说有个情感专家到北京开场，要我去帮衬一下。还说这个专家绝对货真价实，不忽悠不太空，既真诚又实在。许多人听了他的讲座，化开了心结，融和了感情。

朋友威胁说，对于真正有价值的专家，我们应该有个正确态度——这意思是说，如果我不去帮衬，就是我的价值观有问题。难免欺世盗名之嫌。

只好去了。

到地方吓我一跳，这专家是个很年轻的少妇，三十来岁，灵慧优雅，气质夺人。

她开的是小场子，只有十几个听众，虽然稀拉，但是专注。

讲了大概一个半小时，开始听众提问。

一个身材微胖，脸蛋红扑扑，眼神会说话的女人拿到话筒：请问，人说男人都是花心的，要如何做，才能收住男人的心？

情感专家笑了，说：这个问题，很容易。我可以拿我和我老公的感情做例子，我和我老公，是经历了五年爱情长跑，才修成正果的。结婚七年，仍在蜜月期。我要告诉你的是，不是男人花心，是你的魅力值不高。掌控情感必须要收放自如，就好像放风筝，太松了会失控，太紧了会绷断。这需要你有颗悠然淡定的心，不疾不徐的节奏，给他足够的自由，给他最需要的尊严，还要把他的心维系住……吧拉吧拉，诸如此类，说了许多道理。字字句句，沁人心脾。

灯不点不亮，话不说不透。专家的话，让迷失于情感中的男男女女，看到了希望。

道理讲完，专家问：还有什么问题吗？

提问的女人点点头：最后一个问题，你打算什么时候和老公离婚，放他自由呢？

……这？专家被问懵了。

女人笑道：别装糊涂好吗？你老公早就不爱你了，还婚后七年犹在蜜月，还要脸不？我就是你天天在家里骂的那个“狐狸精”。你如果真的还爱他，就别死皮赖脸地缠着他……

你……专家突然发出一声可怕的尖叫，十指如钩，疾扑过去：原来是你这个不要脸的，破坏别人家庭，你还敢自己送上门来，老娘今天打死你……

现场顿时大乱。

[3]

我的记忆应该没错。

这位情感专家，其实自己就面临着严重的情感危机。而且她的反应，严重背离她所讲授的道理。

说什么竞争对手砸场子，那只是专家也要吃饭，不得不这样说而已。我也是因为这个，几年不说这事。

但现在，时过境迁，说也无妨了。

[4]

说起理论口若悬河，但一遇到真的，就立即露馅了。这样的情形，并不少见。

新东方的艾力，说过一件事。他有个朋友，绰号道理王，什么道理他都懂，从古埃及文明到比特币他都能分析得头头是道，对娱乐八卦和婚姻人生也可以娓娓道来。每隔一段时间，他都会发现一个赚钱快的绝招。

但这些道理，在实践中的效果，却是极端可疑。据艾力叙述，到他说这事儿时，道理王仍然租蜗居，不停地在各个行业来回跳槽，活得困窘不堪。

前段时间，网络上有篇热帖，大意是少帅败家。讲一个富二代，从几所大学学到了N多的经营方法，毕业回家时，恰好老爹病倒住院，这孩子立即宣布走马上任，等到他爹发现不对，急忙忙出院时，这孩子已经把家业经营得所剩无几。如果他爹再晚出院几天，恐怕不只是产业败光，还得欠人家巨额负债。

这种情况，是现实的常态。

歌德在他的《浮士德》中说：一切理论都是灰色的，只有生活之树常青。

人生不是道理的集成，是极细腻的实践博弈。懂再多道理，不如懂几个具体的方法。

[5]

说起道理纵横睥睨，实践起来灰头土脸。怎么解释这怪异现象呢？

这大概……原因有几个：

1. 道理是静态的，而现实是互动的

诸如教育孩子，几乎所有的教育理论，都是静态的，相互矛盾自说自话。有的讲宽容，让孩子健康成长。有的讲严厉，让孩子懂规矩——但如果你真的有了孩子，就会发现，孩子并不按你的理论“出牌”。

如果你敢跟孩子玩宽容，孩子就可能突破你的底线，奔着熊孩子的道路大步狂奔，你追都追不上。

如果你跟孩子玩严厉，孩子就可能变得懦弱胆小，内向自闭，仍然让你束手无策。

有经验的父母懂得，最好的家庭教育，是和孩子形成良性互动，让孩子进入自我教育的状态。但每个孩子都是独一无二的，天知道这个孩子究竟适合哪一个道理？只要第一步不对路子，就会局势逆转，让孩子反过来控制你。

成功的家庭教育，让孩子学会控制自我。

失败的家庭教育，孩子只学会了控制父母！

——单只是个孩子，都这么费劲。而我们在现实之中，每天面对数不清的人，每个人都比孩子复杂百倍千倍，哪个浅显的道理，能解决如此复杂的人生？

企业管理，更是超级复杂的人性博弈，明智的管理学不说那么多废话，就一句——最完美的管理，就是最合适的。至于什么叫合适，什么又叫不合适，你自己琢磨吧。

2. 道理多是抽象的，现实却是具体的

抽象的意思是说，实际上多数道理，差不多接近于玄学。

就比如说，善良比聪明更重要，这话大家都点头。头点过了，再让大家说说什么叫善良，这可就麻烦喽。

你看到一个员工偷拿公司物品，据为已有。这事你说出来是善良？还是不说是善良？如果说，你是直接劝诫当事人是善良？还是告诉主管老板是善良？如果不说，你这明摆着是纵容同事的恶习，坑人也没你这么个坑法。

如果你劝说当事人，最大的可能是会被对方先下手为强，先在老板面前告你的黑状，把你赶走以保护自己；如果你先对主管老板说，就因为一点小事，你告黑状砸人家饭碗，这叫哪门子善良？

你看看，这么点小事，就把你逼进死胡同了。说出来不善良不说出来更是居心叵测，你说这个道理你如何应对？

——我们听来的，看来的道理，多数是这种情形。乍一听极有道理，但就是禁不起实战。

道理是抽象的智慧，只有心智过人者，才有能力掌握并运用。智慧程度不足，知道这些道理也没用。

3. 道理是普遍性的，而现实却是特殊的

仍然拿善良这个话题来说，此前网络上有个例子：

说是一个军阀，部下与他心爱的女人有私情。军阀经过痛苦的思考，决定成全对方，就把女人给了部下。不久在战场上，部下知恩图报，拼死冲杀，救了军阀的命。

而另一个军阀，心爱的女人也与部下私通，他也是忍痛割爱，成全对方。但部下却认为军阀早就想甩掉这个女人了，自己成了接盘侠，反而更憎恨军阀。于是，就勾结外敌，杀掉了军阀。

——哪怕事件的情景，完全一样，但面对不同的人，结果也各有不同。这种人性博弈的个性化，远非是道理所能涵盖的。

所有的道理，都有个隐含的前提，预设对方是个善良的人，憨厚的人，滴水之恩报以涌泉的人——人在非博弈态势时，确实是这样。但一旦遭遇常态博弈，表现却完全不同。

[6]

古人说，读万卷书，不如行万里路。

这句话的道理何在?

——万卷书上，不过是静态的道理，是抽象的、原则性的、没有明确定义的。而行万里路，却会遭遇到形形色色的人，经历五花八门的人性，才有可能感受到动态的、具体的、特殊情景下特殊处理的现实法则。

只有你经历多了，才会自行总结出道理。

[7]

进入社会，年轻人就会知道，所有的道理，落到实处，不过是一个又一个精确而细微的方法。

只有逐次掌握这些方法，在你的脑子里融会贯通，才会慢慢凝结成真正属于你的、富有实用价值的道理。

[8]

比如说，善良比聪明更重要这句话，要做到的话，无非不过是两步：

第一步，不做伤害别人的事儿——这一点容易。

第二步，不说让人反感的话，努力让自己成为一个大家喜欢的人。

第二步就难了，要应用到极精细的语言技巧。大道理是做人要有同理心，说话时换位思考，体谅对方心情。而方法，就是你知道哪些话能够让你赢得友情，而哪类型的话，又只会给你带来敌人。

如果你说：我说话你听见没有？——这是招来敌人的表述。

改说：我说清楚了没有？——这是传递友情的表达。

他嫉妒我——这是招人反感的话。

我可能有叫他看不顺眼的地方——这是赢得同情的话。

我就这样，不服你咬我——这是打架用语。

您千万别介意——这才是好好说话。

听不懂你在说什么——这是挑衅。

对不起，我刚才没听清——这才是对话。

你错了——这是战斗语言。

原来你这样想啊——这才是接受对方。

我这人一向正直，就是看不惯——这是招来敌人的用语。

我可能是情绪化了——这样虽然易招来攻击，但胜过攻击对方，引发仇恨。

他们是针对我，故意刁难——这话没人爱听。

肯定是我什么地方不对，让大家不满意——人们爱听这个。

总之，凡是可能招致冲突或引发敌意的，都是我是人非，我对人错。凡是能够让对方接受的，必是我非人是，我错人对。

一旦你掌握了这种语言技巧，就容易赢得朋友，赢得信任。

——回到前面的怪题，假如你看到有同事偷拿公司财物，这时候无论你是对当事人说还是对主管老板说，抑或是闭嘴不言，都不会有问题。因为大家已经接受了你这个人，信任你并服膺你，你说什么，大家都接受。而如果有人攻击你，就会引发大家的反感。

前面说的家庭教育困境，也是这样。

如果你本人，不懂说话的技巧，孩子耳濡目染，学到的也只是挑衅暴躁，形成的是冲突型人格。但如果你知道话该怎么说，就知道该怎么做，不需要花费心思绞尽脑汁，孩子自然会学会这些。

你人对了，一切就对了。

反之，如果你没有掌握这个方法，无论你怎么做，怎么说，都会让自己陷入不利态势。因为你人没有做对，说什么大家也不信。大家不是不信你的话，是不相信你这个人。

让我们从具体方法开始，先把人做对，让人尊重你，信任你，你就有道理了。人做不对，任何情况下都是你没道理。

真正的勤奋是一如既往的热情和专注

昨天和一帮朋友吃饭，突然接到一个学生家长的电话。

得知学期考试结束就会重新分班，她怕儿子分不到一个好班级，急着找我商量对策，询问孩子的学习情况。在此之前，她一直以为高中要读到高三才分文理科。

感觉她一时半会没法消停，我特意走出包厢和她讲电话，并尽可能客观地去评价她的孩子，让她知道孩子在学校的表现，希望她能适当督促一下。

但是，我每说一句话，她都在反驳我，最后很不耐烦地说："你这个老师真没水平，我觉得我的小孩就需要鼓励，以前的班主任都说他挺聪明的，就是不好好学，他要是认真学习，成绩肯定好。"

这句话堪比"我就是不想减肥，要不然早就瘦了"。每逢期末考试结束，就会频频灌到一些家长的耳朵里，看似不痛不痒，却让家长们很受用，听完他们通常会有两种感觉：

我家孩子比其他孩子聪明，特别是那些努力的笨孩子；我家的孩子稍微努点力，肯定能快速超越那些死学的孩子，名列前茅。

只是家长们没有警觉，这句话是害了自己的孩子。它会给孩子一种错误的认识：聪明比勤奋高级，智商比努力重要，"聪明"是重要的优点，"不用心"是次要的缺点。

长期被评价为"很聪明，不用心"的孩子，很容易滋长"表演型人格”，需要活在别人的夸奖中，从来不肯也做不到全力以赴。

他们的成绩通常不坏，但不可能名列前茅，并且看不起那些日夜苦读的学生。

他们的心态是，我还没有尽全力，尽了全力就可以把他们甩得远远的。

但真相却是，他们永远也尽不了全力，他们需要维持自己“学习不用心，但依然成绩不赖”的现状。

韩国MBC有部周年独幕剧叫《扑通扑通LOVE》，女主角丹菲是个自我、无能又无知，每天浑浑噩噩度日的高三学生，早早就放弃学习数学。

高考那天，丹菲无法承受重压而临阵脱逃，却意外穿越到朝鲜时代，与世宗大王李裪发展出一段恋爱罗曼史。

该剧在豆瓣上获得好评，并不是剧本身有多好看，而是它给正在面临抉择和考验的人，制造了一场可以逃避现实的梦境。

为什么我们那么害怕考验？为什么面对考验，我们大多数最先想到的是失败，而不是成功？为什么很多时候我们宁可逃避，也不愿意去尝试新的东西？

剧中，丹菲的回答说出了很多人的心声：我活到现在还没有拼命努力过，我就是害怕要是都拼尽全力还是不行的话，那时候的那副样子会很难看。

经过长期的观察，我发现“很聪明，不用心”的学生，普遍存在一些致命的弱点。

他们的注意力不集中，特别容易受到外界的干扰，学习的耐力不够，连续学习的时间短，学习主动性很差，总想取巧而不肯做扎实的基础训练。

也有些学生反应很快，自认为很聪明，上课时一听就懂，以为内容很简单，便不再专心听讲，而当老师讲到关键的地方时，他的思想抛锚了，没有听到。老师不可能每次都为这些学生去重复一遍，时间一久，他们就发现听不懂了，但又不肯承认自己不懂。

自作聪明的人，往往还没有学会正视自己与他人的努力和付出，就已经喜欢了那种轻盈获胜的姿态。为了姿态好看，他们宁可输，也不想通过努力制胜。

我们在“聪明”的鼓励下长大，能想到的对人最好的夸奖也是聪明。看似鼓励努力，实则鼓吹基因。

影视剧里，逃课、打架、泡妞的江直树、柯景腾、徐太宇、高翔，阳光帅气就是不爱学习，他们都很聪明，随便一学就逆袭了。

那么在现实生活中，能否也能找得到例子？

高三那年，学校周围的网吧流行打dota，我也跟着几个死党去过几次，深陷其中。而真正的dota高手，我只服小邹。

“这么简单的你都不会？这个函数这么变换一下，对吧，很自然地想到那个公式，带进去解一下不就好了吗？”

“这都能死？人家8级二连560点血，你500血就算扣掉魔抗也就再点你一下的事，你就不能先去吃个树吗？”

小邹知道200种数学题的解答技巧，能记住500首诗词鉴赏题的答题方式，也清楚1000种英雄技能的配合效果。

我们都不服气，为什么他可以不用努力学习，就考取了全国排名前十的大学？当我们打算把他的大脑切片研究的时候，他才说出了事情的真相。

每学期发下新课本，他都会爱不释手地在一个星期内看完。走在回家的路上，因为看到树叶飘落想要去构建运动轨迹函数而一头撞在树上。初次接触原子理论，好几天睡不着觉，思考着微观世界的神奇。

他上课不听讲，只不过是因为老师讲的那些点，早就在各种资料书上看过了。不仅看过，而且大都经过了彻底的思考和理解，看不懂的地方，直接去问老师，有时候会被以超纲的名义驳回来。

小邹说：“对于我来说，求知本身就是一件快乐的事情，因此我从不觉得辛苦，自然不会有人觉得我勤奋。在大多数人看来，勤奋是要逼着自己去做不愿意做的事情。”

这个时代不缺聪明的人，用心的人却不多。

我见过许多聪明的孩子，在小学时成绩尚可，到了中学以后就开始走下坡路，原因很多，老师家长错误的夸赞方式，自身的努力程度，都密切关联着。

我们往往夸一个人聪明，却没有意识到，有时候专注、认真、勤奋这些品质，才是把事情做好的决定性因素。

当然，我们在肯定勤奋的重要性时，也要避免走进另一个误区，因为真正的勤奋，不是被迫的机械性重复劳动，也不是自我感动式的摧残健康，更不是因为拖延症导致的最后一刻效率爆发。

真正的勤奋来自于一个人的内心深处，对于那些无法获得即刻回报的事情，依然能够保持十年如一日的热情与专注。

心无杂念，才能走得更远

有个学生，暑假报名来学日语。因为半年后要去日本留学，所以很认真地每天在学校上课和自修。

然而他学得并不好，应该说是很不好。他是某重点大学的理科毕业生，按理说智商肯定没问题。也很努力，可就是学不好。

一般人一周可以掌握的内容，他不知为何一个月了还掌握不了。发音和语法更是一路跑偏，而且我看得出来，他很焦虑。他反复问我这个句型重不重要，那个动词变形会不会考，以及多久可以考N2，应该准备什么教材，等等。

我忽然想起了我健身开始的时候，经常缠着教练问多久会有效果，结果三个月发现没什么明显效果后就很少去了……

我每次健身也是很努力，练得头晕眼花，大汗飞洒。结果是过犹不及，练伤了好几次，反而对健身越来越兴趣淡然。

学习语言和健身都一样，越是急着要结果，越是没耐力坚持。

他也跟我讨教了好几回，然而我渐渐发现，在他努力却学不好的背后，有着类似的问题。

他根本不喜欢学语言，也对学习日语本身“不感冒”，不看动漫，也不看日剧，他想要的只是一个结果，一个证书。这当然沉浸不下去，因为每一刻的学习，他的心不在上面，看上去很努力，实际上是在浪费时间。

这就像，如果我和一个姑娘恋爱不是因为相处愉快，而是因为她适合结婚，直接为了结婚而去。那么在一起的每一刻，我的脑海里都有可能精神出轨。

当人一味求快，对事情本身漠不关心，只想早点结束拿到结果，那么事情本身也不会给你好的反馈。因为你心不在那，杂念就会蜂拥而至。

网上有一句话说：以多数人努力的程度之低，根本轮不到拼天赋。

然而我并不认同。

首先我想说，“努力”本身就是一种天赋。

注意我说的“努力”，是有引号的。

真正的努力，应该是一种明白自己在做什么，又能时刻投入在当下和其中的自控力。而非内心烦躁焦虑，表面废寝忘食。

多数人的努力，只是让自己看上去很忙碌。

有极少一部分人，做什么事都可以很快投入专注，不受打扰，努力精进。这是一种极大的天赋。

我认识的那些学霸，给他们一本无论什么书，他们都可以很认真地看完，并且总结出自己的逻辑与收获。

这种天赋的核心是，做一件事的时候心很静，没有杂念。

而且我认为，这其实可以后天修炼，比如禅宗的正念，就是驱逐杂念，驻留当下。当作一件事，只停留在这件事上，不因将来的想象和过去的回忆而打乱自己，那就是专注的最好状态。

更多的天才，或者所谓成功者，在于很幸运地找到了自己能专注投入的领域。

天才不是什么都会，而是知道自己不适合做什么后，就果断抛弃，专注于自己能做好的事。

而大多数人的所谓努力是什么呢？

是勉强自己做自己不乐意做的事情。

是他们自己觉得枯燥，无趣，但是却又认为是正确的，是该做的，所以逼自己去做。

比如你让韩寒去做数学题，去研究物理，他肯定不乐意，估计啥都做不成，及格都困难。

但是他聪明或者幸运的地方是，很早就发现了自己的擅长和兴趣所在。

我相信开赛车、写杂文这种事，对他来说更多是享受乐趣。要说努力，这两个行业中比他努力的人不在少数。

如果一个人对自己所做的事情完全有信心，他就不会焦躁狂热。

凡是焦躁狂热的状态，通常都是深层的自卑心作祟。

所以你去看那些学霸，你看不到他们很拼命读书的感觉，而且通常都是面无表情，非常淡定。

而自修室那些头悬梁锥刺股的人，往往都是临时抱佛脚者。

人们对自己没有信心的事，往往会通过说服自己，再加上可以量化的努力以及外在的痴狂，来安慰自己。

当我们在做一件事的时候，先不去想着成功与否会怎么样。

成功当然很爽，但如果不成功，我们是否还会享受当下做的事?

如果是，我认为那就是真正的成功。

因为，你已经不需要依赖外界的承认，就已经获得了内心的满足。

当我明白这个道理之后，我重新开始感受健身这件事。

不再执着身材马上变好，而是真正去热爱运动这件事。

感受每一组动作带给我身体的变化，观察气息的流动，汗留下来的燥热痛快，拉伸时候的酸爽，享受运动后大快朵颐的畅快，第二天神清气爽的精神。

当我真的开始投入运动之中，我发现身体也慢慢变得精神起来。

只要能保持当下不杂的心态，就已经开始生出智慧。如果你能开始了解自己，不刻意去改变而只是照着自己的本质活，那么你就会开始蜕变。

我认为一个人可以默默无闻地活在世界上，完全不被人知道，没有名气、野心和残酷。如果一个人不认为自己有多么重要，他可以活得相当快乐。这是我推崇的克里希那穆提的一段话：

也是我，今生最大的追求。

平静，温柔，有趣。

只要我自己认可自己，一切都是完满的。

与诸君共勉。

如果你没有梦想，那就找一个吧

[1]

前两天，送朋友张波回老家。还没到年底，张波就早早地回家去了。“反正待在这里也没事情做，还不如早些回家，还不用交房租。”张波已经待业两个月了。

毕业两年，张波换了5份工作。第一份是在培训班做老师，第二份是在网络公司做微信运营，第三份是在电商做客服，第四份是在电脑市场做销售，最近这份嘛，在服装店做店员。我笑他：跨界蛮大的嘛，从教育界到媒体圈，从服务业到销售界……下一步打算进军哪个行业？

张波一筹莫展地看着我：“你就别笑我了，我都烦死了。工作换来换去，房子搬了又搬，忙了大半年，一分钱也没存上，倒欠一屁股烂账。要是再这样下去，我真的就要被我妈叫回老家了。”

看张波这“丰富”的任职经历，任何一个公司都会觉得这是个不踏实的小伙子吧。但其实张波是一个特别沉稳的人，巴不得在一家公司从毕业进去干到退休。只是张波一直不知道自己想要什么样的工作，换了又换，也没找到适合的。

新闻专业毕业，不喜欢媒体人快节奏的生活，于是听从别人的建议去了培训班做老师。待了3个月，发现自己并不懂如何同那些孩子相处，于是回归本行，干起了新媒体，结果发现自己还是喜欢不起来，永远比别人慢半拍。做客服，倒还能适应，可又觉得前途渺茫，向公司提出了几次换部门的申请，得到的答复都是：这是最适合你的工作。心有不甘，又换……

[2]

“不喜欢眼前的，但又不知道自己喜欢什么”，这是很多20多岁人的现状。这种状态，说文艺点儿就是“谁的青春不迷茫”。

之前和一朋友微信聊天，当时她情绪低落，各种烦躁，对任何事情都提不起兴趣。末了，她说：“我只知道自己不想要现在的生活，但却不知道自己想要怎样的生活。”

问题就出在这里：不想要现在的生活，所以什么都不想做，情绪低落；又不知道想要怎样的生活，所以不知所措，一直迷茫。

迷茫，是青春期的常态。有的人很快就能从这个状态里走出来，朝着自己想要的生活迈出步子；而有的人直到进入中年，可能都还没弄清楚自己想要什么。青春期的迷茫就这样随着年龄的增长被活生生地掐断了。

[3]

我的QQ签名是，“愿你眼中总有光芒，活成你想要的模样”。我觉得自己很庆幸的一点是：我知道什么样的生活才是自己想要的。

17岁，毫无征兆地一夜长大，突然开始思考自己的人生，思考自己的未来。看着那些书上陌生的地方、陌生的名字、陌生的故事，开始编织属于自己的人生。文理分科，任性地选了文；高考填志愿，义无反顾地只填报了传媒方向的专业；毕业找工作，公务员、教师……但凡和专业不相关的都没考虑过。

自己选的路，那就勇敢地跨出第一步；如果还算喜欢，那就坚定地往下走。

[4]

有些人，读书也好，工作也罢，甚至恋爱结婚，都太在意别人的看法，而忽视了自己的内心感受。不知道自己想要什么，得过且过，永远在不喜欢间换来换去，到最后毫无所获。

同样是“折腾”，为什么有的人能平步青云、扶摇直上，有些人却疲惫不堪、每况愈下？知道自己想要什么生活的人，永远是朝着目标前进；而有些人却像没头苍蝇一样乱撞，一会儿向东，一会儿向西，到最后发现自己又回到了起点。

我知道你可能不想要现在的生活，但是你知道自己想要什么样的生活吗？没有目的的旅行，只能叫流浪；没有目标的迷茫，只会让人慌张。

如果你想要挣脱现有的生活，我不建议你来场说走就走的旅行，也不建议你盲目冲动地交上辞职书换个自由。静下心来想一想：什么才是你想要的可行的生活。

如果你没有梦想，那就找一个吧；如果你有一个小小的梦想，那就拼命地守护它吧。

留给自己的后路和选择少一点

前段时间跟几个老友聚会，问起我去大理旅行是什么感受，我说这个体会不能一并概括，但是我可以随便说一下。

我在大理待了差不多三个星期，因为是一个人出行，所以没什么规划。每天背着行李带上自拍杆我就出门了，自己一个人解决吃饭问题，然后去洱海边上吹风，走在小路上看别的游客骑着很漂亮的电动摩托，去大理古城的路上，也看漂亮的姑娘披着各色迎风飘扬的五彩丝巾。

我会一个人在夜里回家的路上带上一束小雏菊，闻着花香自己一个人在漆黑的路上小声地哼着歌。刚开始的几个晚上我有点害怕，但是一个星期后我就大声地在马路上欢唱起来，偶尔经过的轿车里会有人停下来问，“小姑娘要去哪里，要不要我们载你一程？”我总是欢乐地大喊一声，“不用了啦，我太美了，怕你们把持不住啊……”然后他们愣了一下，继而开始大笑起来，于是就开着车就走了。

这样的情节，我在前面二十多年人生的时光里，是想也不敢想过的事情。

有好几个夜里，我在凌晨四点的时候跑到客栈的天台，披着外套躺在早就准备好的摇椅上，前方是洱海的浪涛拍打湖岸的声音，月光铺在湖面上波光粼粼，我身后就是苍山，黑压压的大山轮廓缓和而平静。

接下来我在沙溪古镇待了两个星期，每个夕阳傍晚我都会围绕着小镇的湖边走一圈，那个时候会有很多马儿在湖边歇息，偶尔也会有牧民从山上赶下来一群羊在湖边的草地上吃草，我就坐在柳树荫下，看着远方山上的农户人家炊烟袅袅。这个时候我脑海里盘旋的，全都是邓丽君的那一首歌：又见炊烟升起，暮色罩大地；想问阵阵炊烟，你要去哪里……

夜里回到镇上的时候，我会沿着街上的小溪看每家客栈的门口有没有客人吃饭，如果是客栈主人自己开饭的话我会过去问一声，我能不能也坐下来吃？于是他们会多给一副碗筷，我就坐下来了，有时候聊起来高兴的时候，客栈主人顺便也就把我的饭钱免了。

剩下的时间，我就自己带着电脑，去到不同的咖啡厅坐着发呆，然后开始写故事，日落的时候店里老板会留我吃饭，喝着软糯的南瓜粥，抬头看着窗边的风铃叮当敲响，清脆到沁人心田。

说完以上这些片段，老友中有人大喊："天啊！我要是能有你这般的生活，哪怕是过上个两天我也觉得此生也算是满足了。"

我笑着回答，说其实这很简单啊，只要你休个年假或者节日假期的时间就有了，反正上班的好处就在于我们是可以给自己挤出假期来的不是吗？

这一刻说到上班，于是大家都很有同感地跟我抱怨开了，在座的有个朋友说："我最近上班已经到了行尸走肉的地步了，每天人来人往，在公车上都会忘了下车，走在路上的时候也是眼神无光，中午吃饭的时候我觉得这根本就不叫饭，我只是为了活着而已。"

说完这一段，我们都觉得他太过于把这种苦放大了，想他也不过是为了形容一种状态而已。谁知道这个朋友补充了一句："有时候我真希望明天起来的时候能得到一份好工作，就是我喜欢的那一种，那我一定会拼了命地干活的。"

我于是问，那什么才是你喜欢的工作呢？

朋友回答说："我也不知道，但是我觉得这样的工作一定会有的，它的到来一定会改变我的人生，让我的生活变得热闹、开心、快乐起来……”

这一次我低头喝茶，再也没有答话，我心里没有告诉他的是，他的这个设想是一个伪命题，这世上不会有一份工作是自己真正喜欢的，更不会有一份所谓的工作能起到改变你的命运，然后拯救你人生的作用。

前天夜里，我收到一份留言，一个姑娘跟我说父母开了一个养殖场，可是因为不善经营，让她从小就背负着负债一百多万元的压力，大学毕业后姑娘读了研究生，今年毕业后找了一个本专业不错，但综合实力很一般的单位，待遇在本市同样的单位里也算低的。可是姑娘想着，生活总得一步一步来吧。

就在她以为日子终于可以被自己规划的时候，家里又传来一个噩耗，妈妈背着她爸爸又借了三百万元高利贷想翻身，结果被骗，钱没了，于是现在全家背负着四百多万元的贷款，过去的一年时间里，为了这笔钱，这个姑娘跟妈妈都老了几岁，可是现实太残酷，高利贷不停地找上门，每天就像噩梦一样……

姑娘说，自己本来是个乐观的人，可是现在真的想不开了，“我很听话，活泼开朗，可是为什么生活总是不断把我和全家人逼到死胡同？我现在觉得生活就是一个深渊。”

姑娘留言里还说：“昨天我妈被讨债的人关起来到半夜一点才回家，我哭了一夜，然后在心里默默祈祷，此刻我多么希望有神仙啊，我别无他法，只能希望有神仙来帮我，我甚至变态到口中默念：让我中彩票吧！我祈求自己赶快睡着，然后把梦里出现的数字都记下来……”

最后的留言里，姑娘说很想不开，已经觉得生活走投无路了。

看完这一段故事，我盯着屏幕很久都不敢回复，因为我不知道这一刻我要回复什么，我也不知道自己能说什么，此时此刻我的脑海回到很久以前，小的时候很喜欢看TVB的电视剧，里面总会有男女主角的父母因为欠下高利贷，于是每天被黑道上的人泼油漆，贴大字报，甚至是暴打一顿。

电视剧里的画面通常是，父母逃去别的地方躲债了，小孩子一个人留在家里，然后高利贷的人在狠狠地敲打着大门，小孩被吓得惊慌，躲在床底或者角落里抽泣，这一刻没有人帮他，他只能在这些吵闹的催债声中不停地向上天祈祷：神啊，你来救救我吧，有谁可以马上帮我父母解决这个问题，我什么都愿意做……

以前我一直觉得这是电视里才有的情节，直到有一天我看到欧弟的一个专访，他说到自己子还父债的辛酸日子，数度哽咽。

欧弟说他上高中的时候，有一天早晨起来发现，爸爸没有在桌上留下一分钱，连坐公交车的钱都没留下，他走了三个小时去上课，迟到被老师骂，这个时候他的心里是有小小埋怨的，怪爸爸为什么一声不吭地就消失，连一句再见都不说。

那个时候的他根本没有意识到，这只是他悲惨生活的序幕。后来，欧弟的爸爸一直没有回家，15岁的小孩子没有钱也没有人照顾，于是他开始跟同学和老师借钱，他一定会跟人家说清楚他还钱的时间，而且从来都在约定时间到之前把钱还清。

从那以后，欧弟开始冬天去洗车，夏天发广告单，在冷热交替间不断上演生活不易的剧本。可是让人觉得生活带有讽刺意味的是，他的父亲接二连三地出现，不停地求他帮忙还新一轮的债务。

我很清楚地记得欧弟说过的一句话：每到过年过节的时候，他都会一个人到海边吹冷风，默默想着什么时候才能有自己的生活。他对父亲的心情是很矛盾的，既希望他出现，又害怕他出现带来更多的债务。

欧弟说那是一段灰暗的日子，整天浑浑噩噩，这所有的一切压过来让他失去了思考的能力和坚持的勇气，他甚至选择过自杀，按道理说他其实是有堕落的理由的，不过欧弟后来说他一直都记得自己高中时候老师说的那句话：你要相信人性最善良的那一面，以后不管走到哪里，你都要保持赤子之心，一直到老。

后来的故事我们都知道了，2008年注定是欧弟具有纪念意义的一年，这一年，他30岁；也是这一年，他加入了湖南卫视《天天向上》主持群，让更多观众认识并喜欢上他；更重要的是，这一年，他终于还清了所有的债务。

而这一年距离他17岁那年进入娱乐圈打拼，整整过去13年，也就是说，他过了13年为了还债而活下去的日子。

虽然这也是一个常在电视节目里出现的人，也许有人说他是个明星所以他有资本给自己的父亲还债。可是在我的眼里，15岁那年开始承担责任的他就是千千万万个小孩里的普通人，这十几年里的日日夜夜，我们不敢想过也没有资格去想他是怎么过来的，但是这个世界的神奇就在于，真的会有这样故事的人存在，也真的有人用如此漫长的时光，换一个属于自己的下半生。

去年我的大闺蜜L小姐失恋，她在电话里每天跟我哭诉，说整夜整夜地睡不着，因为明明知道无法回头但是就是心里万般难受，我不知道该安慰她些什么，只是静静地在电话这一端听着她时而嚎啕大哭时而抽泣。

L小姐告诉我说："有时候我真希望自己一觉睡到天亮，然后什么事情都没有发生过，而且我更希望的是，我明天就能出门遇上我的真命天子，上天派他来拯救我的感情，拯救我的人生。"

于是到了这个时候，我只能实话实说了。我电话里一一告诉她，我说一是你所期待的这个真命天子一定会有，但绝对不会是明天出现，他没有义务因为要拯救你于当前的痛苦，而要现在马上出现在你的生活里；二是这个对的人也不一定能拯救你的生命你的人生，他不会因为你的痛苦就多疼爱你几分，他的出现对你的生命而言只是锦上添花，他不会也不能是你的拯救者。

这段话说完，L小姐的抽泣声渐渐平静下来了，然后我再补充一句："这才是生活本身的真相，那些你脑海里意淫的种种期待跟情节，想一想就过了，日子还是要过下去的。"

她在电话里没有回应，只是告诉我一句要去吃饭了，于是我就放心下来了。

如今的L小姐，像个欢乐小鸟一样经常从广州坐动车到深圳找我蹭吃蹭喝，我不再跟她回忆那几个她哭得歇斯底里的夜晚，我只是偶尔会问她，你觉得你的真命天子还会来吗？

她说，我相信有这么一个人的存在，但是我也开始明白，他不是我的拯救者，我才是自己的拯救者。

我想起自己曾经在大学里的胡思乱想，那个时候的自己会思考很多的人生问题，然后整夜整夜地失眠。于是那个时候的我总是期待着，我的生活里能出现一位有智慧的长者，他能帮我解答心里的所有疑惑，告诉我很多此时此刻困扰到我要发疯的问题的答案，然后让我在这一场水深火热的迷茫与抑郁当中被拯救出来。

这些年过去了，这个智慧的长者依旧没有出现，只是我身边有越来越多的人开始向我请教很多问题，还有小孩每天在留言里需要依靠我的回复跟安慰才肯睡去。于是这一刻我突然发现，所谓久病成医，我就这么熬着熬着过来，居然也成为别人眼中的那个引路人，而且我顺便也成为自己的医生。

有段时间看到有大学生出家皈依佛门的新闻，然后我身边一些亲近的朋友会问起我，你当年很多困局走不出来的时候，有想过要远离尘世去做个尼姑吗？

我笑着说，一是我很敬佩这些慧根之人，他们能够有内心安静下来的定力；二是我知道自己没有这个定力，所以从来没想过要出家的事情，因为对于我而言，那些青春时光缠绕在脑子里的想不开，是因为我想梳理清楚这些困扰给自己一个答案，而不是因为尘世很乱所以我想远离它。

我爱这个浮夸复杂而又美好的世界，在我眼里，我觉得自己一直是个武侠小说里的无名小卒，在这个纷纷扰扰的江湖里起起伏伏，来来走走。但是我离不开江湖的这份漂泊，因为我爱极了“沧海一声笑，滔滔两岸潮”的这份逍遥与豪情。

这个世上从来没有救世主，那些总是等待一场救赎在你生命里发生的人，如果用这份念想作当下的临时鼓励倒是可以，但是从人生长河的思考逻辑上来说，我更愿意接受赤裸裸的现实，那就是输赢终由自己。如果这一路上有人出手相助，那也是因为你的努力值得被扶持一把，仅此而已。

总有人问我失恋了怎么办？遇上心动的人不知道值不值得去爱，更多人的发问是“我知道我应该独立起来，去外面的世界看看，可是我的父母说要是走了家里的机会就没有了，而且我自己也不知道出去闯了结果好不好……”

一般遇上这种一句话里很多“可是”的句式，我是连解答问题的欲望都没有了。从来没有人会成为你的救世主，为何你总是被迫让身边的他们莫名其妙地就拥有上了这份荣耀的职位？

以前总有人告诉我们，你的问题主要在于读书不多而想得太多，而如今我觉得，大部分的我们，不是因为想得太多，而是留给自己的后路和选择太多了。作为一个普通平凡之人，你又怎么有资本期待“钱多事少离家近”这样的事情出现在我们的生活里呢？有资本的人已经努力在路上了，我们为何还在原地哭泣，期待着人生能够有一场被救赎呢？

醒醒吧，天亮了，该起来闯江湖了。

不要问我你的人生路该怎么走，我要过好自己的日子已经够艰难了，真的。

所有外界的呈现，都源自于我们内心的投射

[无法预知未来，但可以活在当下]

昨天一个持有三级咨询师证的朋友问我，考到二级咨询师证会有练手的机会吗？

我不确定对方问这个问题的想法，但我更想给对方另一个问题：如果不确定是否有练手的机会，你会去做学习准备且永不放弃吗？

这两个问题最大的区别在于：前一个问题是以外界的可能性来决定自己的行动，后一个问题是用自己的行动去捕捉机会。

最近一年，我在新结识的一些朋友和个案上看到了很多不可思议的变化，不管他们以前怎样，在他们真正实现自己的成功之前，他们的思维首先已经成功转化为后一个角度去思考问题。

大多数人都喜欢告诉自己：如果我成功了，如果我有钱了，如果我知道确定的答案，我的生活该是另一番样子。如果我们生活的丰盛必须在实现这些期待后再开始，那没有实现梦想的日子该有多憋屈。

实际上，我们生活的呈现，不在于拥有多少资源，而取决于我们对待生活的态度。

当我们内心匮乏时，看什么都不够好；当我们活得不踏实时，任何风吹草动都会误以为草木皆兵。

说到底，当我们努力用外在的充实或一个未来的想象填满自己时，经常会忽略了这辈子最应该关注的只有自己。自己变得敞亮了，生活才会上一个更高的台阶，看到更美好的风景。

[不要忽略持续做一件事的力量]

叙事治疗师周志建说：如果现实给我一面墙，我就选择穿墙而过。

我7年前开始做心理咨询时，练手的机会几乎没有，边工作边抽时间每天钻研两个个案。后来我有一段时间觉得自己阅读量不够，便开始每天看一本书，是那种有些不太好懂的专业书。

再一个个累积个案，通过这些个案的信任推荐，个案量才逐渐上升起来。后来最多每天排6个个案，再到后来的每天写一篇文章。这些走过的路，一点点在我的身后延续，也让自己随着这些轨迹走到以前看不到的地方。

我之所以能在什么都看不到的时候，没有选择放弃，是因为有前辈告诉我：不要担心没有人选择你，当你的能力能接住个案时，一切属于你的机会都会接踵而至。所以，这7年来，在最艰难的时候，我也没有特别考虑未来，只是沉下来一天天地努力。

这个过程其实不太容易，因为刚开始没有收入，没有人看着自己时，会很容易放弃坚持。从短时间看，坚持没有什么意义，可是当你成年累月地不放弃，就会带来质的变化，这就是坚持的力量。

最重要的不是我们做过什么，而是我们在持续做什么。哪怕每天只是听10分钟音乐，或者慢走半个小时，或者观赏一部电影，坚持一年都会有意想不到的收获。当你尽可能地去专注投入时，最终连自己都会惊讶自己为什么会走那么远。

我以前常听人说坚持21天就可以养成一个习惯，那时候一直觉得挺难的。后来听过一个分享，真正坚持地打怪升级是以10的N次方算的，依次往后推就是10天、100天、1000天、10000天，折算一下就是1个星期、1个月、3年、30年。

这是真正把一件事情做到极致的通道，当你真正去把做一件事情的时间拉长时，就不再觉得每天做一件事情是痛苦的，也不再急躁地想一口气折腾出个模样来。

就拿写文章来说吧！我一直承认自己不是一个好作者，因为我并不追求文辞、结构有多完美。最初开始写，是因为我希望做一件事情：通过自己的分享，可以帮助一部分人。

就这样一直陆续地写着，然后今年初开始写一些优秀的书籍推荐，再后来又固定要求自己写稿发心理平台，再后来陆续有媒体和公众号跟我约稿。

再后来六月份开始尝试日更。虽然到现在也不成功，但通过坚持写，公众号从年初的1000人积累到了现在的7000人，我写一篇文章的速度也提升了3倍，也把我年初制定的全年小目标刷新了5次。

我承认自己很幸运，因为一路都在遇见支持帮助自己的人。坚持不仅在我的身上起作用，这一年来我也从一些持续咨询的个案身上，看到了脱胎换骨的变化。那些我们互动中产生的新体验和新经验，已经伴随着他们去直面眼前的挑战，站上了人生新的起点，吸引生活中想要的人和事到来。

[当你每进一步，生活就会多给你一条路]

我人生的最开始，只想要一个更自由的职位。为了完成自己的职业技能提升，我去学习人力资源管理，遇见了我人生的第一个心理学启蒙老师。

后来，当内心要做这个职业的声音越来越强烈时，我才突然想起我15岁时告诉过别人自己长大想当一名心理咨询师。

再后来，在完成对自己梦想追寻的路上，我阴差阳错地成了一名自由职业者，过上一种完全找不着北的颓废生活。

到现在又因为内心新的追求，又回到了每天按部就班的工作。只是这一种按部就班，已经跟以前的公司上班有很大不同。

这些年，我从自己人生经验里学到，当你敢于走上一条路时，无论如何都会有收获。

如果不是当时迈出提升自我的第一步，我可能不会走到今天这一步。这样的经历曲折却有连接，这就是命运神奇的地方。当很多人问我不确定的问题时，我总会支持他们去尝试，因为几乎所有的收获都是来自于我们敢于去做的每一次尝试。

当别人把目标放在等待机会时，我们的努力成长就是在制造机会。好比如果我们是一个猎人，我们就不会问今天有没有猎物再出门，而是每天子弹上膛，牵着猎狗出发就好了。

[莫问前程凶吉，但求落幕无悔]

还记得最初看《武媚娘传奇》，行之将末的魏征对武媚娘说：莫问前程凶吉，但求落幕无悔！这句话至今给我留下了极深的印象，这是我钦佩的大将风范，也适合每一位真正想活出自我的普通人！

这意味着：当你内心真想做一件事时，不问结果可能会如何，不问未来将走向何方，只为了不辜负这一刻我们对自己的期许。

许多人毕生都在追求对未来确定的感觉，希望通过他人、职业、金钱带给自己更多的安全感，可是却一直生活在匮乏当中。

当每一次我面临不确定的变化时，我总喜欢问自己：内在安全和外在安全，你要哪一个？真正的内在安全感，是不管外界发生怎样的变化，永远不会放弃对自己的支持、信任和鼓励，以及对未知美好生活的向往。

当然，也有可能，不管我们怎么努力，还是觉得不如别人，还是没有想象中的好。其实，如果你是一个以别人为参照物的人，当你真正坚持往前走时，过不了多久，你就会发现能让你在内心忐忑不安的人已经很少了。

面对这个未知的世界，变化是危险的，不变也是危险的，因为我们不知道我们一直固守的位置，是否正有一枚大炮已经瞄准了我们正准备发射，这促使我们终身都走在尝试或者转型的路上。

这些年的成长带给我最大收获是：我不再惧怕变化，不再担心某一天会一无所有，也不再在意别人的眼光，不再随意把别人列为参照的对象，也极少有人能左右或者伤害到我。

所有外界的呈现，都源自于我们内心的投射。也就是我们遇见的一切，都是自己作出来的！只是看你把生活作好，还是作坏！

先整理好自己，再去见人、爱人和做事，就变得极其简单！

你之所以不自由，是因为你的生活太不平衡

我有个朋友，收入中等，可是他过的是五星级的生活。他每个月多缴一堆利息给银行作为循环利息，也要“分期付款”把他喜欢的名牌和食物买到手。于是，每个月月底他就苦哈哈。我们常常笑他是“贫穷贵公子”。

不久，他想买汽车，各方亲友仍然没有办法阻止，他贷款买了一辆车。

买车的第一个月是很快乐的，他开着车到处去飙，日子过得好不快活。直到有一天晚上，我打电话给他，发现他竟然睡在汽车里面。

“发生什么事情了？”我紧张兮兮地揶揄他，“是不是债务人堵在你家门口，你不敢回家呀？”

“不是。”他哀怨地对我说，“是因为太晚回家了，没有车位停，只好睡在车上。”

不久，他要搬家，整整打包了三个晚上才把他的东西收拾完，用了两辆中型卡车才运完他的家当。搬家的那几天，他心力交瘁，因为每一样东西都很贵重，禁不起一点点撞击。

他终于崩溃。他说：“这些东西我一个月摸不到三次，却要为它们这么做牛做马，唉！”而且，这些东西的钱还没有完全付完，每个月，他都被银行追讨利息。

当他看着身边的好朋友，一个一个在年假当中都要收拾行李出国去玩了，而他正面临卡爆的危机，困在家中时，忍不住悲从中来。他承认，他失去

了自由。

我发现拥有一个东西是一体两面，如你我有一个东西，享受它，同时你也受到它的支配、它的拥有。这个东西让你付出的代价是时间、精神、金钱，如果它对于你没有提供相对的价值和利益，那么就是浪费。

从朋友拥有一辆汽车开始，他就陷入了被汽车拥有的生活。

虽然免去了身体奔波之苦，却要开始面对为车奔波之苦。他约会开始迟到，出门常常找不到车位，回家也没有自己的停车位停车，生活老是在为车位烦恼。

而且几个月之后，他告诉我他已经很少开车出门，原因是，油价花费太高，负担不起。他说，他失去了自由。

我曾经试过，经过一天疲劳的上班族生活，其实你最需要的，是一碗面、一台电视机、一个人。你没有多余的时间去把玩你手上的那么多东西。

在假日，最幸福的是和家人或者朋友吃一顿饭，然后回家休息。

说要出远门要筹划很久。而且，衣柜里面那些美丽的衣服和鞋柜里的新鞋子，你总是找不到适当的时机去穿。

现代人拥有太多用不到也享受不到的东西，却还是要拼命地满足心里没有完成的那个梦。所以，拥有一个东西，你其实就失去两个自由——一个是被物质捆绑，一个是面临被金钱支配。人生各方面，只有均衡，你才能自如地生活。

给你的人生 找一个指路人

男孩的第一个偶像总是他爹。

我爸十八岁那年夏天，学木匠归来，动手做了一个木头箱子，批发了几十根冰棍，扯了条棉被，盖在箱子上保温，跑到学校门口卖给流鼻涕的熊孩子。

结果冰棍没有卖完，化成了冰水。

晚上，我爷爷，我奶奶还有我爸，每人喝了两碗。我爸一怒之下，把木头箱子劈成了三十几块。

第二天，我爸背上军旅包，挤上了去青岛的汽车。

我二十四岁大学毕业，一个人一个箱子去往上海，站在上海火车站，看着传说中的滚滚红尘，想起了十八岁的老爸。

没有家世，没有背景，大城市没有朋友，兜里没钱，只有不安于现状的理想，只有年少轻狂。

那个时刻，我跟我爸十八岁的时候，心里想的也许一样。

我觉得很悲壮，老爸做过的事、走过的路激励着我。

我爸去了青岛，租住在破旧的城中村，床是临时搭的，底下摞起砖头，上面铺上木板，几个人睡大通铺。对门是个收垃圾的，垃圾堆得比房子还高。

我爸说，年轻人不应该觉得自己苦，不应该怨天怨地，年轻人就应该拼命努力，只有这样才有出人头地的机会。

2010年，我去上海，住群租房，像极了电影《功夫》里的猪笼寨，有一种大隐隐于市的错觉。租客的年龄在二十至三十五岁，有卖保险的，有做推销的，有小白领，也有像我一样刚毕业的大学生，还有恋爱几年同居的小情侣，甚至还有一对母子。

我刚到上海的时候，赶上梅雨季节，所有人的衣服洗了都晒不干，挂在狭小的通道上，五颜六色，争奇斗妍。

我买了一个电饭煲，躲在自己只容得下一张床的房间里煮火锅。工资太低，但牛羊肉太贵，于是就用各色丸子代替，吃得风生水起。

吃完了火锅，躺在床上，闭上眼睛就能听见隔壁情侣说情话，母亲骂儿子，新来的租客挨个门套近乎，调戏小姑娘。

当时的女朋友来看我，在我的小房间里，我们压着声音亲热。

我想起老爸说过，当年他住得更差，但从来也不埋怨，所以我也不觉得苦。

毕业之后第一年，想换台笔记本，可兜里没钱，非常不好意思地跟老妈开口，老妈给了我5000块。我心里一直惦记着要把这笔钱还上，毕竟都毕业工作了，还要爸妈的钱不是那么酷。

而且老爸十八岁就自力更生了，我都二十四了，更要靠自己。

老爸是个强人，再苦再难的时候也没退缩过，一直迎着风赶路，所以才有了我童年安逸优越的生活，老爸用他的前半生，奠定了我奔向未来的基础。

老爸是我的第一个偶像，影响着我对世界的看法。

我的第二个偶像是那些活出了自我的强人。

活出自我的人都不简单。

生命能量剧烈，烧着自己还能照亮别人。

曾国藩，一个倔强的强人，一辈子专门跟自己过不去。

每天做“日课十三条”。

1. 主敬

整齐严肃，无时不惧。无事时，心在腔子里；应事时，专一不杂。

心里常怀忧惧，担心时间不够用，担心自己不够努力，担心自己还没有改变世界就老之将至。做事专心、专注，即是力量。

2. 静坐

每日不拘何时，静坐片刻，来复仁心，正位凝命，如鼎之镇。

每天静坐片刻，放空，发呆，烦恼尽去，在脑子里留出空间给更重要的人和事。

3. 早起

黎明即起，醒后勿沾恋，被窝是青春的坟墓。

4. 读书不二

一书未点完，断不看他书。东翻西阅，都是徇外为人。

5. 读史

每日圈点十页，虽有事不间断。一切都是历史的重复。虽然这么说有些武断，但历史就是镜子。

6. 谨言

刻刻留心。

我奶奶常说，男人是“话多钱少”。少说，多做，不解释。

7. 养气

气藏丹田，无不可对人言之事。

长相是天生的，气质是后天养成的，胸中光明磊落，只有不想说的，没有不敢说的。即便在这个看脸的世界，也能活得很好。

8. 保身

节欲，节劳，节饮食。

我们都是身体的租客，善待自己的身体。不要一身病痛，不要大腹便便，对自己的身体负责，就是对自己的人生负责。

9. 写日记

须端楷，凡日间身过、心过、口过，皆一一记出，终身不间断。

每天把自己犯的错误写在日记上，身体上的、心里的、嘴上的，一条也不放过。

10. 日知所亡

每日记茶余偶谈一则，分德行门、学问门、经济门、艺术门。

11. 月无忘所能

每月作诗文数首，以验积理的多寡，养气之盛否。

写诗，写文章。

写诗，不至于让人变得庸俗，内心永远敏感。在窗前听雨，看到树下情侣抱别，事毕后姑娘亲吻你的脸颊，这么好，这么美，不写诗，何以遣怀？

写文章。

训练逻辑，正三观，说得高妙一点，文章千古事，得失寸心知。说得接地气一点，写文章是舒缓，是排解，比吃喝嫖赌抽快乐，比吸毒上瘾。

12. 作字

早饭后作字。凡笔墨应酬，当作自己功课。

练字抄书，修身养性，比玩游戏有益处。

13. 夜不出门

旷功疲神，切戒切戒。

应酬没必要，庆祝无意义。大酒伤身，熬夜伤肾，见讨厌的人伤心。

能不去的饭局，尽量不去。能不说的违心话，尽量不说。

深夜就应该写情诗，读古书，看天上月明星稀，等着今夜有好事来入梦。

曾国藩一辈子对自己如此苛刻，可他本人却仍旧觉得自己做得不够。他在遗嘱中不无羞愧地说，余通籍三十余年，官至极品，而学业一无所成，德行一无可许，老大徒伤，不胜悚惶惭赧。

都已经立功、立德、立言三不朽了，却还是觉得自己做得不够。

生命能量多么剧烈。

偶像给我们力量。

偶像让我们觉得世界美好。

我崇拜过村里开小卖店的光棍。

坐拥一间“城堡”，城堡里有好吃的、有好喝的，还有好看的。一生没有娶妻，孑然一身，喜欢在清晨发糖豆逗小孩吃，熊孩子们叽叽喳喳地围着他，他坐在小卖店的门前，抽着烟，笑着，露出一口白牙。

我崇拜过高中学习特别好的女班长。

自律能力极强，戴眼镜，戴牙套，不谈恋爱，不看漫画书，不聊八卦，不烫头发，不穿好看的衣服，一心读教科书，喜欢参加奥数，高数能考148分，立体几何能给我三种以上不同的解题方式。

女班长第一年高考，考了600多分，没有达到北大清华的分数线，于是毅然决然地选择了复读，非清华北大不去，第二年终于如愿以偿。

我们回学校拿录取通知书的时候，她烫了头发，穿着好看的裙子，眼镜没有了，牙套也不见了，笑起来春风又起，明眸善睐。

偶像给我们人生以启发。

我们从偶像身上汲取勇气和营养。

四年前，我怀揣着理想，来到大上海。那天下大雨，我还迷了路，好不容易到了公司，已经非常狼狈，前台还以为我是送外卖的。

录取我的主编跟我说，小伙子，我看好你，从今天开始，你就跟着吴叔吧。

搞得跟黑社会一样。

下午，我终于见到了吴叔。

吴叔不怒自威，须发皆白，看上去颇有大佬气势，感觉亦正亦邪。

三年里，我跟吴叔一起吃了几百顿午饭，问了吴叔几百个问题，我从吴叔身上学到了具体到细节的本事。

吴叔影响我最大的地方，概括起来，有三个词。

第一个词是“敢不敢”。

勇敢的人善于惊世骇俗地打破常规，总想着弄点不一样的东西。

第二个词是“酷不酷”。

做一件事情酷不酷比做这件事挣不挣钱重要。

第三个词是“好玩不好玩”。

好玩是对抗这个无聊世界的终极武器。我希望自己成为一个“好玩”的人，希望跟“好玩”的人做朋友。

我的第三个偶像是我自己。

任何人都有可能离开你，只有自己能和自己相伴一生。

所以，每个人都应该学会怎么从自己身上获得。

每个人生来都是孤独的，人生中总有一些时刻，只能由自己来面对。

六欲七情八苦，爱我的人我不爱，我爱的人不爱我，对人生失去希望的片刻，以为会相伴终生的人半路离开，这些痛苦的时刻，只有自己宽慰自己；在即将跌落悬崖的时候，自己拉自己一把。

所以，自己要成为自己的偶像，指引自己未来的方向。

自己要替自己选择。

在人生的节点上，总是不可避免地面临选择，非此即彼，不由分说。

只有自己知道自己要去哪里，所以只有自己选的路，才能不埋怨、不后悔，勇敢地走下去。

自己要对自己负责。

要对自己的行为负责。

知道该做什么，不该做什么。知道哪些事是必须做的，哪些事是可做可不做的，哪些事是坚决不能做的。

要对自己的错误负责。

错误让我们成长，错误导致的后果，以及由此引发的痛苦，让我们成熟。

自己要对自己狠一点。

天下事，有所激有所逼者成其半，雁过尚且留声，人生下来总得改变世界一点点。有时候努力做一件事，比做成这件事更重要。

青春苦短，最好的时光就应该做最好的事情。

比如努力为了理想而工作，挣不挣钱不重要，热爱就是热爱的动力。

玩命爱一个姑娘，不计较，不求回报，甚至不求结果。

还有，最重要的，除了自己，不讨好任何人。

自我崇拜的人，能站得更高，看得更远。

人总是从偶像这里获得能量，然后去接近他、超越他。

这就是偶像存在的意义。

此致。

我自己的偶像

活出你生命的深度才不枉一生

当年有一句话特别流行：你不能修改人生的长度，但你可以修改人生的广度和宽度。但我想，比起广度和宽度，一个人更应该活出生命的深度，越早领悟越能满足。

[1]

多年前的学生时代，悠悠是在校园里最欢迎的类型。她是学生会干部，身上光环很多，成绩好，口才好，老师们也都很喜欢她。可真正到了社会上，大家才突然发现，悠悠最后也就只是成了一名留校的普通老师。校园里的风云人物，未必是后来最优秀的那一个。

为什么？主要的原因无非是这两个。

第一，他们可能习惯了鲜花掌声，不习惯挫折。从小池塘到了大海里，他们不一定是最优秀的人，心理落差太大，他们抵挡不住。

第二，他们太容易在学业上很快达到优秀，反而不太专注去追求卓越。看似擅长考试，擅长交际，却未必在真正的能力上得到太大提升。

比如悠悠，什么事她都答应得很快，忘得也很快。你再问她的时候，她却说：“啊，我什么时候答应过？不好意思，我忘记了哦。”其实，倒不一定是她真的敷衍，而是需要她花时间的人和事实在太多，她已经没有多少空间专注做某一件事了。

这世上有两种人：一种追求广度，一种追求深度。一种热得快，一种热得慢。成熟得太早，真的未必是好事。

因为，热得快的人，喜欢贪多求快，却经不住时间的考验。而热得慢的人，相信少即是多，慢慢成为某个领域的专家。

[2]

有人说，拓展深度才能带来智慧。比如在爱情里，经验越丰富，未必越懂得爱情的智慧。不是你见识过的男人或女人越多，你就一定知道，怎么样才能幸福。

年轻时候的一个同学雯子，她的每次失恋都是一场山崩地裂。她会不停地挨个打电话跟朋友们倾诉，在qq空间里写下很多忧伤的文字，然后把链接发给每一个人。

我们都劝她，这么痛苦，分了也好，反正你总是被他伤害。结果，没过多久，她又和男朋友复合了。大家想起自己之前劝告她的话，都尴尬无比。她却还大大方方地继续秀恩爱，这样循环往复几次之后，再没有人把她的失恋当回事了。

另一个朋友丁丁跟我说：本来还觉得自己的伤口好得太慢，看到她之后，顿时觉得，还是慢一点好吧。

多年过去了，雯子的男朋友换了一个又一个，年过30岁，依然找不到合适的人。而丁丁在换过一两个男友之后，已经找到了自己的人生归宿。

我发现，丁丁每次失恋之后，很少跟朋友们诉苦吐槽。

我问她：你难道真的不难过吗？

她说：第一次失恋真的特别伤心，可走出来之后，发现自己成长了太多，反而找到了和伤口相处的一种方式，成为自己的医生。

越是伤痛，其实越是在提醒你，该停下来了，该仔细思考了：这是如何开始的，为什么会变成这样，后面的路又应该如何走？这个过程，让伤口看似好得更慢，但它不会再复发。

太多人，都是这个恋人不行，那就换下一个。结果换到下一个，问题还是一样的问题。广度带来的是经验，但经验未必带来智慧。只有慢慢地治愈自己，耐心调整好五脏六腑，挖掘内在的深度，才能真正感受到自己身体里的智慧，如植物一样生长起来，绿草茵茵。

[3]

其实，深度，更是不断超越自己。

很多同学朋友羡慕我，拥有自在的生活，不被规则束缚。可他们不清楚的是，十年前，当别人都已睡去，我还在寝室里敲打键盘的时候，我也不知道，对文字的坚持，能成就我现在的人生。

人的一生，说起来似乎有七八十年，但真正决定人生方向的，不过就是20岁到30岁的这十年之间。

如今的社会，已经越来越不稀罕八爪鱼一样的人，而是稀缺能够活出深度的人。很多人被匠人精神鼓舞，震惊那些工匠为什么可以数十年如一日做一件事，做到极致。那是他们都深知：以普通人的资质而言，用十年时间做一件事，幸运的话，顶多也不过做到优秀。可就算这样，也比在十年里一件事都没有做好的人生，要完美得多。

我想说，我20岁的时候，也不知道自己有什么天赋，只是把自己愿意做的一件事一直做下去而已。当你付出越多，收获越多，你遗憾的就越来越少了。

那些把时间精力都交给一件事的人，那些信奉少即是多的人，幸福感和满足感为什么比普通人更强？因为他们永远都会清楚看到自己的每一点进步。昨天还觉得外语难上加难，今天已经可以讲几句日常对话了。昨天还不知道ppt怎么做，今天就至少可以熟练操作了。昨天还语法不通，今天至少可以流畅写完一千字了。

所谓人生的深度，就是和自己赛跑，不断超越自己啊。只有这样，才能越来越自信，才能相信，这一生没有白费。

你这一生，能走到最深的地方在哪里，才决定你成为谁。

只要你有一颗充满生活情趣的心，哪都是你的舞台

[1]

有一次到外地去做培训，认识了一位开了几十年长途汽车的司机王师傅。王师傅和其他的师傅不太一样，他的心态非常积极乐观，不说脏话，不骂爹骂娘，很少抱怨。和他聊天的时候，感觉有点像是在和一名学者对话。他温文尔雅，语速不快不慢。

在聊天的时候，我忍不住问了他一个问题："您开了这么多年车，难道不感到厌倦吗？"王师傅回答道："开了几十年车，如果说自己一点不厌倦那是假的。但是，工作其实也是一种生活方式，关键看你怎么去调节。"

王师傅告诉我，由于他们公司主要接旅行团或是公司培训团，因此经常需要在外地待上几天。在长途汽车的行李箱里面，他准备了帐篷、自行车，还有钓鱼竿等器材。无论车子开到哪里，他不会像其他长途车司机那样，躺在宾馆里看电视或是睡大觉。而是利用当中的这些空余时间，精心地安排自己的生活。

例如，他会根据自己在某个地方停留时间的长短，选择不同的休闲方式去娱乐身心。如果中途停留时间很长，天气又好，他就会选择去骑会儿自行车。如果中途停留时间很短，他就会四处溜达溜达，散散步。如果中途停靠的地方离池塘很近，他就会去钓鱼。王师傅还告诉我，有时候他甚至不会选择在

旅馆过夜，而是饶有兴趣地搭起帐篷在外面过夜。

虽然我接触到的大部分长途车司机都是在抱怨他们这个行业又苦又累，但是王师傅却通过自己的努力把工作改造成了他所喜欢的样子。在我眼中，王师傅不仅是一位长途车司机，还是一名厉害的生活高手。

即使是一份枯燥的工作，也不应该影响你去潇洒地活着。当然，前提是你要有一颗充满生活情趣的心。

[2]

我的一位研究生同学名字叫徽徽，和我一样在一所大学里面工作。虽然同是在体制内工作，但是这丝毫没有影响他潇洒地活着。他把自己的空余时间，安排得满满当当。一有时间，他就四处玩耍。

他自己有很多的兴趣爱好：旅行、摄影、弹吉他。而且在每一项兴趣爱好方面，他都可以称得上是“骨灰级”玩家，玩得有模有样。最近这两年，他利用假期时间，牵着女朋友的手，去世界各地穷游，拍了很多美美的照片。每次看他的朋友圈，我都只有流哈喇子的份儿。如果遇到一个不了解他的人，想必还会认为他的主业是旅游，副业是在学校工作呢。

也许你会问：“如此不务正业，难道不会影响工作吗？”恰恰相反，我的这位同学，正是凭着他环球旅行所拍摄的那么多绝美的照片，刚刚从原来那所普通的二流大学跳槽到了一所一流名校，专职从事摄影和新闻采写工作。

“好好地工作”和“潇洒地活着”，其实并不矛盾。当然，前提是你要有那么一两项专业级别的兴趣爱好。

[3]

看到这里，也许有人会说："我的工资很低，哪有钱可以支撑我潇洒地活着？"也有人会说："我的工作很忙，哪有那么多的时间去潇洒地活着？"还有人会说："在工作当中，我有很多的烦心事儿，那有什么心情去潇洒地活着？"

以上三个问题，可以概括大多数人没有办法活得很潇洒的原因，那就是：没钱、没时间、没心情。下面，我们就对这三个原因进行逐一的解析，看看这三个原因是否真的能够站住脚：

关于"没钱"。对于一个已经衣食无忧的人来说，"钱多钱少"和你"是否能够潇洒一活着"之间其实并没有什么必然的联系。网上曾经流传着这样一个段子：半个iphone6的钱，就可以让你去香港玩一圈。一个iphone6的钱，就可以让你去日本玩一圈。两个iphone6的钱，就可以让你去美国玩一圈。

到底是为了满足虚荣心而把钱花在购买物质层面的东西上，还是为了活得更潇洒把钱花在购买某种激动人心的体验上，完全在于你自己的选择。

关于"没时间"。我们每个人每天都有24个小时的时间可以用来支配。我们可以把这24个小时分成3个8小时，其中工作占了一个8小时，睡觉占了一个8小时，另外一个8小时就应该留给生活。

如果总是感觉没时间，往往是留给生活的这8个小时被胡乱地浪费掉了。你可以用这8个小时的时间不停地刷微博、玩微信，你也可以用这8个小时的时间去培养那么一两个兴趣爱好，做点有益于身心成长的事情。能否抽出时间来活得潇洒一些，完全在于你自己的选择。

关于"没心情"。工作上碰到一些烦心的事情，在所难免。但是你不能因为工作上的一些烦心事儿，而妨碍你去潇洒地生活。我们应该学会把工作和生活放在两个不同的方格里，工作是工作，生活是生活。下班之后，就请将这些焦虑和压力统统地留在工作的方格里，然后换上好心情，开启一个全新的方格用来生活。

你要知道，工作上碰到的很多烦心事，并不会因为一个人的过度担忧而得到有效解决。但是假如你能够把工作上的烦心事稍微放一下，尽情地去生活，这样不仅会给人带来一个美好的心情，而且好心情又会反过来促进工作上问题的解决。

没钱、没时间、没心情，并不会妨碍你潇洒地活着。当然，前提是你要把钱和时间用对地方，同时保持着一种积极豁达的生活态度。

简单总结一下吧：只要你有一颗充满生活情趣的心，或者是有那么一两项专业级别的兴趣爱好，或者是能把钱和时间用对地方，或者是能够保持着一种积极豁达的生活态度，那么，无论是什么样子的工作，都不会妨碍你潇洒地活着。

选择坚持和思考

成功从来没有捷径，

也不是一个大而不实的梦想所能征服。

记住这一点，

或许才能真正客观地来面对所谓的梦想。

成功从来没有捷径

[1]

前不久，一大一学弟私信向我求助，他说："学长，我的创业梦想失败了，很苦恼！"

我一看"梦想失败"，这我再熟悉不过了，瞬间秒回："创业的梦失败了，你应该回归学业，毕竟学生的主业还是功课。"

学弟说："学业不是我的方向，我想的是要实现自己的梦想，可现在连梦想都失败了，让我怎么活啊？"接着是一连串的崩溃表情。

听他的讲述和语气，我瞬间仿佛看到了当初的自己，简直如出一辙，不禁哑然失笑。半晌我回复他："别傻了！没有梦想你也能活，如果再努力点，你还能活得有滋有味。"

[2]

记得大一时，刚走出高考阴霾的我进入一个新的环境，感觉整个天空都是湛蓝色，学校的展览墙上到处贴着高年级优秀学长青春飞扬的英姿，觉得他们就是我的榜样。我想我要拥有一个梦想，让青春的光芒飞扬，让我大学的每一步都闪着耀眼的光。

在这样一种心态的影响下，我遇到了梦想的第一位导师——一个创业学长。学长在向我传输观念时说了这样一个公式：大学生=吃饭+睡睡觉+梦想；猪=吃饭+睡觉。由此得到：大学生没有梦想就等于猪。

在如今看来，这样一个烂大街的公式在当时被我奉为圭臬，并决心为梦想奋斗。我们的口号就是："青春不死，奋斗不止。"在这种玩命的心态下，我完全抛弃了学业，跟着学长参加各种创业活动和讲座，并传达我们的梦想和理念，期望更多的人加入。现在对于这种行为有一个很形象的说法——安利。

可我们不知道啊，就算知道也不在乎啊！因为梦想就是我们的信仰，谁敢质疑我跟谁玩命！创业期间需要资金，学长东拼西凑也只一点点，着了魔的我给老爸打电话送钱。

老爸来学校的那天北京重度雾霾，天空飘着稀稀落落的雪花，我戴着口罩装备严整去门口接老爸。老爸穿着多年前的老风衣，见到我的第一件事是揭下我的口罩，说的第一句话是"儿子你又瘦了，在学校吃饭是不是还像以前那样节省啊？"

如果搁到现在的我身上，绝对扇自己一大嘴巴子，然后说一句"什么创业"，最后感动得稀里哗啦的。可是当时的我听后乐了，对老爸说："别闹了，您儿子在创业呢，能不瘦吗？"

好个大言不惭的小子！这是我如今对自己的评价。然而最后的事实是我把老爸送来的钱一股脑砸了进去，创业的梦想又往前苟延残喘几步路，最后毫无疑问的，歇菜了！

[3]

失败之后的我非常苦恼，就像文前的学弟一样，不同的是我没有再去找所谓的学长解惑，(在一个地方栽过跟头，我怎么还会上当？)而是对于“梦想”这个词有了更加深入的思考。

拿现在的情况来说，我的事例再普遍不过。关于梦想的泛滥，也是这个社会急功近利的缩影。太多的人被梦想所绑架，做了很多以后看起来很蠢的事，其实，这个真不怪你。

关于我对梦想的思考，将其分为三种意识形态。

其一，梦想是一个“高、大、上”的标签。就像前不久对于社会上一些颜值高，又有钱，事业还非常成功的青年，有一个形象概括叫“高富帅”，梦想也可以成为一个人“高大上”的标签。我们的社会差距很大，有些人生来带有光环，有些人则普通平凡。这是个不争的事实，也正是这个事实给了我们太大的压力。我们用什么武器才能逆袭、才能打败那些所谓的“高富帅”呢?

听起来好像很难，似乎又是个“世纪无解难题”，不过别担心，这个武器还真有——你想到了，就是梦想！当“梦想”这个词自诞生以来，天生就带着颠倒乾坤超越时空的力量，有谁敢轻视“梦想”呢?别看我如今是个“屌丝”，可我有梦想，说不定就是下一个“马云和比尔盖茨”，你还敢轻视我吗?

在“梦想”与生俱来的优势下，我想要出人头地，那我首先就得先拥有一个梦想啊！这就是所谓的“梦想诞生功利性”。并不是说所有以功利性为前提的事情都是不好的，而是在这种功利性的引导下，梦想真的能带你走出泥沼，走向人生巅峰吗?

我看未必。就像上文我的例子，从我现在自我剖析之后，那时候所谓的梦想只是——想与众不同，区别于庸庸碌碌的大学生群体。这个时候的“梦想”早偏离了它最初的轨道，开始倾斜，并在一些人的推波助澜下，彻底走入死胡同。

很多时候，我们并不是真的拥有梦想，所谓的梦想，也只不过是想在芸芸大众中脱颖而出的心里安慰。置身信息海啸日新月异的时代浪潮中，我们失去了区别于大众的筹码，仿佛拥有一个梦想便有多高尚。这时候的梦想显得很苍白，很无力。

其二，梦想是逃避现实的盾牌。“梦想”一词，从它的字面意思就可以知道，其着眼点在于“梦”和“想”两个点上，这个本质属性也就决定了它自诞生以来就与现实有着不可忽略的鸿沟。很多时候，我们拥有梦想并没有考虑到现实，更有甚者是你根本就是想用“梦想”来打掩护，以此来逃避现实的残酷。

就说我和学弟的例子，梦想在一定程度上是我们逃离“学业”这个社会既定规则的窗口的借口。曾经看过一篇文章《走了多少弯路，你才意识到学业的重要性？》，文章揭示了大学生普遍厌学的现实，一部分也来自“读书无用”的社会舆论大行其道。在这个现实下，梦想的种子自然而然地埋在你的心里，并在一个合适的机会下生根发芽。

与其说它是一个梦想，倒不如说它是一个迷惑人心的幽灵，缠住了你，让你双脚离地，与现实脱轨。这个时候的我们精力旺盛，荷尔蒙飞扬，深切需要一个出口。很巧合的是，梦想给了你一张船票，带你踏上一条可望而不可即的路途。

有一句说得好：“梦想存在的意义其实是提醒我们还有一件事情没有做好，我们还可以努力变成更好的人。”而不是让我们整天挂在嘴边，成为掩饰我们内心空虚以及好高骛远行为本质的盾牌。

其三，梦想是一个坚定永恒的信仰。这才是“梦想”应有的价值和基点。曾经在报上读过一则故事，大致是讲一个七十岁环卫退休工退休后举办个人画展的事例。看完之后人们大受震撼，感到不可思议，后来想想：这不正是梦想超越时空的力量吗？梦想从不看早晚，也不看人物，它只看你的坚持和方向。

可能有人会说，等到了七十岁才有机会实现自己的梦想，那自己的一生不是太委屈了吗？这样迟到的礼物又有什么价值呢？“出名要趁早”，我怕的就是“晚”！况且，大多数人做不到像老人一样几十年如一日的坚守，时间会将人的心志泯灭得干干净净。

其实，梦想从不怕晚，也不怕耽误。在这一点上，你大可放心，它不会是“子欲养而亲不待”，不会是“一个转身，你不见了，我慌乱了”。真正的梦想是深埋在内心，随着时间的沉淀更加历久弥新，就算你飞得再高，跑得再远，它依然会在原地等你缓缓归来。

如果有一天忘记了初心，忘记了当初的梦想，说明它根本不是你的梦想。因为梦想就是你的信仰啊！你连信仰都没了，还拿什么来谈梦想？

[4]

实际上，现在大多数人，起码在我所知的领域内，有太多不合实际的梦想，它们或是一个标签，或是一个逃避现实的窗口，很少有人真正拿它当作信仰。试想一下，你的梦想是减肥成功，这样你就需要晨起跑步，需要节食，可是你早晨赖在床上不起，吃饭时说一句“只有吃饱才有力气减肥”，这样的梦想只能算是一种心灵安慰而已。

记得我刚进入写作领域时想写一本书，那时候的梦想就是出一本书。于是，每天我在“写一本书”意念的指导下惶惶不可终日。因为我只是有一个大而空的“写书梦想”，却没与一个实际可行的目标和步骤，在“写书”这一梦想的压榨下，我连第一章都无法下笔。

这就是说，很多时候我们需要的不是一个梦想，而是一个切实可行的目标。比如今天我要写关于“梦想”的文章，这就是一个目标。曾经看到一篇采访俞敏洪的报告，俞敏洪说道，自己的大学时光就是一个“背”字。这个

“背”不是“点背”的意思，而是“背单词”。俞敏洪用整个大学四年就完成了一个小目标——背英语单词。那时候的他并没有创办“新东方”这样宏大的梦想，相反梦想的实现是水到渠成的，因为他将“梦想”变成了一系列切实可行的目标。

如果你现在还在为梦想的失败而沮丧，或者因为要实现某一个梦想要抛下所有，包括学业、家庭、亲情和友情，这时候你要考虑一下，看看这个梦想究竟值不值得你这样做。还是那句话，“梦想”和人类其他欲望一样，或许对于你来说，并不需要这样一种欲望。

如果你想收获男神，就应该早早投资自己，起码不能赖在床上；如果你想创业，首先得有面包吃，不能借着老爸老妈的光挥霍；如果你想出国，那就“背”啊！

成功从来没有捷径，也不是一个大而不实的梦想所能征服。记住这一点，或许才能真正客观地来面对所谓的梦想。

真正的聪明
在于不自作聪明

[1]

来杭州两年，我和室友住一起两年，她常常被我写进我的文章里。

这是位神奇的室友。她是我的知己、闺蜜，是我的生活导师、爱情军师，她几乎扮演了除我男朋友之外的所有角色。她开拓了我的思维，是我写作的灵感，她让我知道，原来人是可以这样思考的。

我们常常在熄了灯的晚上，躺在床上卧谈。从文学音乐到娱乐花边，从政治经济到人情世故。我们刚住在一起的某天晚上，聊关于“时间”的话题。我问，现代的科技已经可以帮我们节省掉很多时间了，为什么我们的时间反倒越来越不够用呢?

室友说，现代人喜欢预留时间，其实时间无须预留。假如我们早上8点起床，就8点起床好了，提前半个小时闹钟，那半个小时我们不过是在睡懒觉而已。预留的时间，通常是被我们浪费的时间。

“一个忙碌的人，你给他再多时间也没有用，因为他不会管理自己的时间，不能正确合理地安排自己的日程；一个缺钱的人，你给他再多金钱他也会缺钱，因为他没有理财的习惯，也不知道怎样妥善管理资金。”

室友的这个逻辑，一定程度上帮助了我对一些人一些事进行选择和判断。这是我第一次被室友的思考方式所影响。

[2]

上个月，室友去爬了一趟三清山，我问她什么感受，她说，很累。我问，明明知道会这么累，为什么还要花钱找罪受？

她说，在我们平凡而平淡的生活里，有时候需要做一些挑战自己身体极限的事情，爬山只是其中的一种方式，它让你知道你的心在跳动，你的身体在运动，你的意志在战斗。这就是为什么这么多人会去挑战一座又一座高峰，因为只有这样他们才能证明自己存在的价值。

不管我提出的问题多琐碎多无聊，室友总是有出人意料的答案。

她也常常在我的工作和生活上给予我一些启发和指导。我是一个情商很低的人，很在乎别人的看法，偏偏还又细腻敏感。我常常在她面前诉苦，“我觉得大家好像都不喜欢我”。

室友于是对我说：“你以为我就有很多人喜欢吗。我告诉你，有一天，一个同事对我说，你知道吗，其实很多同事都不喜欢你。当时我的心一沉，但很快我又调整好了心态。我对那个同事说，你不要说下去了，也不要告诉我是谁，我就当大家都喜欢我好了。在职场上，人与人能保持表面的和平已是不易，何必要打破它呢。”

她不是像其他的朋友一样，告诉你，你有多优秀多好，给你安慰。而是让你清醒地认识到这个世界的规则和真相。

[3]

“不是，我主要是负责现场执行。”

“那你怎么会知道这些细节的？”

“我会看负责这块的同事是怎么做的啊。”

“你这么忙，还有时间去观察这个？”

室友叹了口气，说：“只要有心，就看得到。”

有一阵子，室友已经连续一个月加班到10点才回家，好不容易有一天她不用加班，我们可以一起吃顿晚饭。吃晚饭的时候，她又接到公司电话，放下电话，她说要回公司一趟。我问她：“什么重要的事情一定要你去啊。”室友说：“不是什么重要的事情，我只是过去打打杂，帮帮忙。”

“既然如此，你就不能不去吗。”我不高兴地说。

听了她的话，你很难不钦佩于她的格局。她好像不管任何时候都思路明确、逻辑清晰，也始终抱着谦逊的态度去观察和学习。

[4]

当我决定要写这篇文章的时候，我告诉室友，我要用一整篇文章来写你，文章标题就叫《聪明人是如何思考的》。

室友淡淡地说：“我从不认为我是聪明的。再者说，我不是很认同大众或世俗定义的所谓聪明。”

你看，她就是这样，不臣服于这个世界既定的规则，总是对所看到的东西存在质疑。这让她能够时刻保持清醒独立的思考，从而形成自己的判断。而不是人云亦云。

或许真正的聪明就在于，不自作聪明。

梦想永远是现在时，而绝非将来时

真正的梦想不是糖果，不该有所谓的赏味期限。

[1]

2004年夏天，远房姨妈的儿子，也就是我的远房表哥——小安，正坐在我家的客厅里接受着长辈们的思想教育。

小安当时正值大学毕业，家里为他安排了一份专业对口的工作，他却屡屡拒绝上岗。

而这次谈话的主旨，大约就是长辈们认为大学毕业就要赶紧工作，老老实实就业，不要想东想西，“没个正经”。

我一面在自己的房间写作业，一面将小安给我带来的漂亮糖果打开品尝。

客厅里长辈们有些生气的教训声、苦口婆心的规劝声不断交替着，在夏蝉嘶鸣的背景音里，仿佛一幕对白冗长的话剧。

我渐渐被那里的热闹吸引了注意力，不由得竖起耳朵倾听。

我期待着男主角——小安的发声。可他始终只是“嗯嗯啊啊”地答应几声，任凭长辈们一个个轮流发表着大同小异的见解。

终于，爸爸的声音传来：“小安，大家能说的都说了，现在你说说你的态度吧。”

小安的声音从容而真诚："我知道大家都是为我好，但我已经下定决心了，无论怎么样，我都要去外面走走看看——我只想要给自己一年时间。"

沉默片刻后，爸爸问："为什么你一定要耽误这一年？一年的时间里，你觉得你自己究竟能够完成什么？"

小安迅速回答："我想要四处走走，一年就是我给自己的期限。期限一到，我就必须工作。"

姨妈忍不住又提高了音量："好好的工作机会你不要，偏要用一年大好时光去旅游……"

我在自己的房间，将一枚小安带给我的糖果放进嘴里。

我将糖果盒子翻到背面，看到了上面印着的"赏味期限"：十二个月。

恰好同小安要求的一年一样长。

一年之后，期限一到，这甜美的糖果也许就面临着变质的危险。

而小安呢？

他现在努力争取的自由旅行，应该也就到了他的"赏味期限"了吧。

[2]

一年过去，也许他也只有回到他并不喜欢的工作里来，安心过上普通平凡的生活。

而真的当一年过去后，我才发现我当初的伤感是多么多余。

小安告诉家人，他决定接下来向旅游业发展。接着，他便掏出了自己在一年时间内考取的导游证，表达了自己要继续"游山玩水"的决心。

"你一个法律专业的高才生，为什么要去当导游？"电话这边，姨妈对他嘶吼。

但也许是法律专业的出身造就了他能言善辩的优势——

最终，小安又与家人顺利定下了“三年之约”：

“再给我三年时间，假如我在旅游业混得不够好，我就收起心来，找一份让你们满意的工作。”

三年呀……妈妈跟我说起这件事的时候，我的第一反应就是：那是很久很久的时间啊。

在那时年少的我看来，三年的时光，似乎可以造就许多不可信的改变。

我不由得看了一眼角落里放着的漂亮糖果盒。

那是一年前小安带来的。如今赏味期限已过，糖果早就被我提前吃完，剩下精美的盒子舍不得扔，用来存放些零散的小玩意儿。

后来的后来，听说小安又说要再等三年，然后又是三年……

直到他在长辈口中，已经成了一个“特别会谈条件的固执小孩”，而他认真地向家里要求一年时间的情景，也已经成为大家笑着提起的有趣往事。

小安这个人，似乎也与我越来越远。

直到前不久我计划着一场出国旅行，由于语言不通，还是考虑联系旅行团。

妈妈不经意地说：“去找小安好了，让他好好给你介绍介绍，再拿个内部价。”

我有些震惊：“小安哥哥？他现在在哪里？”

妈妈轻松地说：“不还是在开那个旅行社嘛，搞得挺不错的。”

我连连追问细况，妈妈也迷糊起来：“都开了好几年了呀……没跟你说过吗？我以为你知道……”

原来，在我不知道的后来，小安已经有声有色地开起了自己的旅行社，一切踏上正轨，欣欣向荣。

[3]

在这一刻，我突然恍然大悟：

也许从一开始，小安就从来没有把那一年或者三年当作自己的“期限”。他将追求梦想的蓝图，规划成了一段段的短期目标，好让自己更加踏实地奔向正确的方向。

从取得资格、顺利入行到升至管理层甚至创办自己的公司，一切都是在一段段“期限”般的时间里完成的，却最终拼出了一个完整的梦想。

我突然想起十年前的那个夏天，我送小安和姨妈出门。

他情不自禁地在我家门口的旅游挂历前驻足了好一会儿，差不多将每一页都翻了个遍才罢休。

这些世界上美好的景致，终究会被他一一踏遍。

这是他一开始，就打算为之奋斗的美好未来。

有时候我也会忍不住想，如果那一年的时光里，小安没有考取导游证，还会有接下来的三年吗？

或者，在后来的时间里，他始终都没能进入管理层，更遑论有朝一日能开创自己的旅行社——那么，他最终还是会放弃吗？

我更愿意相信答案是“不会”。

对于小安来说，挂念着万水千山，从来就不是为了将每一段旅途“完成”，而是为了享受不断在路上的喜悦。

每一次的抵达，都在向下一次的出发靠近。

每一次的驰骋，都开阔了心里那片向往自由的草原。

后来，我曾经听很多人说过“给我几年时间”这样的话。

他们中的有些人，目光犹豫，疲惫不堪——或许，这几年的时间只是让他们理所应当选择放弃的一个借口。对于这些人来说，所谓的“梦想”，不过也只是一种带着“赏味期限”的渴望。

而其中的另一部分人呢?

纵使历经辛苦，眼睛里依然在发着光。他们明白自己心中梦想的价值，所以毫不惧怕地踏上一段漫长而艰辛的旅途。

对于他们来说，时光的流逝永远都无法改变梦想的重量。

所谓真正的梦想，应当坚定、持久、安静而富有力量。

它绝不需要激情与幼稚来作为自己维持新鲜的防腐剂。

它应当永远存在，并且历久弥新。

——真正的梦想不是糖果，不该有所谓的赏味期限。

“人的一生应当这样度过：当他回忆往事的时候，不会因虚度年华而悔恨，也不会因碌碌无为而羞愧……”这样的追求，因其高大上而容易被人当作放弃的借口。而小安的到来，让我们看到了梦想的意义——坚定、持久、安静而富有力量。如此，方不愧梦想二字。

梦想永远是现在时，而绝非将来时!

没有从天而降的惊喜

[1]

朋友的一个客户是即将毕业的大四男生，大家一起吹牛聊天时，他失落地说，最近真的很迷茫。

大家打趣说，小鲜肉，你长这么帅还迷茫，我们这些丑的还要不要活了？他没回应，自顾自地开始诉说自己的苦难史。

大学里专业学的是通信工程，辛辛苦苦四年下来，到毕业的时候才发现，对口的工作机会基本上都是去偏远山区，班里大多数同学定的工作都是和专业八杆子打不着的一线销售，只是大家卖的产品不一样罢了。

自己已经二十四岁了，感觉青春就要过去了，不想随便找份工作拿着死工资，于是决定尝试创业。

可是没有钱。和同学一起帮某平台刷单，每天十几个小时不休息，想赶紧赚点钱。

每天三四百元收入的日子持续了两三个月，随着查单越来越严格，刷单生涯也宣告结束。

口袋里有了点钱，底气也足了不少，找几个朋友合计了一下，想开发一款APP。结果经过严密的讨论和计划，发现手里这点钱简直是杯水车薪。

纠结了好几天，最终还是决定放弃了。可是内心还是不甘，所以当同学们都在四处找工作的时候，他准备去南京朋友的店里打工，学习几个月，如果时机成熟，准备自己也开一家店。

我说，你还没有正式毕业，这么年轻，干吗要这么着急？一步一步慢慢来，扎扎实实干几年，积累点经验和资金以后再创业或许成功率会更大。

他说，“不。我已经在奔三的路上了，如果像你说的那样脚踏实地慢慢走，不知道要多久才能实现我的目标，我没有那个时间等那么久，我要走一条捷径。”

看着他略带稚气的年轻的脸，和满是憧憬的眼神，我有点不忍心说那些打击他的话，只能默默听着。

[2]

我曾做过近三年的公司内训讲师，培训对象大部分是新入职的员工，这里面又有不少人是应届毕业生。

有一堂课叫作职业生涯规划，其实就是通过一些例子和简单的逻辑分析以及理论方法，帮助大家认识到生涯规划的重要性和制定规划的方法。

每次上课前，我都会向大家提一个问题：你未来五年的理想或者目标是什么？

然后大家开始各抒己见。无一例外的是，每个发言的人都只能说出一个大概的方向。比如，我想做工程师，我想做职业经理人，我想开一家自己的店铺，等等。几乎每个人的目标都不一样，但是，没有一个人有自己具体的实施计划。

当我问到你想做哪个方向的工程师、你想做哪方面的职业经理人、你想开什么性质的店铺时，他们哑口无言，然后不再说话。然后，更加具体的问题我也没有必要再问了。

作为内训师，我得到了自己想要的结果：他们越是沉默，我的课程就越有必要，我也越有信心。同时，我也知道，一堂意识引导类的内训课程，根本无法让一个人找到方向，该迷茫的依旧会眼前一片黑暗。

作为劳动密集型企业，很多员工入职没多久就会离职，这里面就有很多在入职培训时曾经说要做工程师和职业经理人的，结果离职时写的原因都是工作太累，工资太低。

在我看来，职场新人如果连加班和低薪这两个最基本的考验都过不了，那么，他是没有资格从普通员工变成关键人才从而得到晋升和加薪机会的。

职场好比战场，它和高考一样需要千万人挤独木桥，最后剩下来的尖子生就那么几个。试问，有几个尖子生是不用学习就天生可以考到前三名的？

起码在我的价值观里我觉得没有。

[3]

现实中有很多这样的人，他们挺聪明，脑子灵活，也受过不错的教育，可是他们看不上小事情，他们瞧不起一步一步走，总觉得自己可以做一份更重要的工作，可以干一番大事业。

他们有很多想法，其中不乏一些好的点子和创意，但是他们往往只把目标挂在嘴巴上，从来没有真正地去实践过。他们觉得那样太辛苦，得等着伯乐去发现他们，得等着机遇从天而降正好砸在自己头上，一个劲地拼命奋斗根本无法得到自己想要的，找到捷径才最重要。

他们是语言上的巨人，同时也是行动上的矮子，只想着幸运迟早会降临，只能用好高骛远来形容。

也许有人会反驳，世界发展这么快，互联网世界瞬息万变，那些老一套的按部就班早就落后了，我们必须学会唯快不破。

是的，世界发展得很快，信息量大到我们梳理不出头绪，前一天刚被认可的事情第二天可能就会被推翻，一切都是可变的，不固定的。

如今，90后CEO层出不穷，我们的紧迫感越来越明显，通过自身奋斗和努力的例子不再受欢迎，大家更乐意去探究那些一夜间突然爆发的人和事，这样才感觉刺激。

然而，热闹过后总是空虚，那些被包装和营销过度的案例遮住了我们的眼睛，它让我们相信，成功不用多么费力，只要你会写项目策划书、演讲会吹牛，一切便迎刃而解。

现实中却根本不是这样。

所有的唯快不破都是建立在熟能生巧的基础上，那些你从未接触过的事情，刚开始你是怎么也快不起来的，更何谈“巧”和“破”。

有远大的理想和抱负并没有错，错就错在太浮躁，爱幻想。因为真正有理想的人，会想尽一切办法去努力，不断地靠近理想，哪怕是曲线救国也说明努力了奋斗了。那些只会嘴巴上大谈特谈，实际却懒惰拖拉，从未付出却想着收获的人只能算是幻想。

这样的人不在少数，我们身边可能就有，我们自己很多时候也未尝不是这样。

想想，我们是不是时常抱怨工作不开心，领导不讲理，公司不人性。可是，我们为改变这一切又做过什么呢？好像除了抱怨，我们再没做过其他。我们也时常责怪孩子不听话，老人太固执，老婆太任性，老公太花心，然而我们也只是嘴巴上唠叨，从未去想办法改进。

平庸自有平庸的原因，伟大也有伟大的道理，你付出了多少努力，就得到多少机遇，没有从天而降的惊喜。

愿意接受平凡，愿意向内看清自己，不卑不亢，不着急的人，才配有理想。

王小波说：“人一切的痛苦，本质上都是对自己的无能的愤怒。”如果感受到了痛苦，也知道了自己的无能，接下来就是摆脱痛苦和无能了。我想，除了你自己，没有人能帮你解决这个问题。

有理想，更有坚韧和耐心

L是我好哥们，是一名典型的程序员。为什么强调典型呢，因为他具备网上所描述的程序员的绝大多数标签！大黑框眼镜、常年不离身的黑色背包、帆布鞋、纯日系的UNIQLO素色T恤。L君在朋友圈里面也是典型的上进好青年，平时除了敲代码，也就喜欢跑跑步、摄摄影。

L君最近碰到一点点不如意的事情，在和L君聊天的过程中，发现也不是什么大问题，其实在我看来也就是自己心理上的一些问题。

“你知道吗，我总感觉自己工作学习效率低到离谱！每天明明有很多工作任务，但是就是提不起劲去做，想学习也学不进去。想看书吧，书架上的书一本本拿出来翻几页发现看不下去。匆忙丢下这一本又拿起另外一本，反反复复到最后也只能叹息一声‘还是去睡觉吧，真没劲’！”，L叹息一声向我说道。

我点了点头，心想你不是一直有“上进好青年”的标签吗，怎么也会碰到这种劳什子的事情。

“你有没有想过自己为什么看不进书呢？”

“唉，其实也不知道为什么，就是感觉有好多好多书没看完，所以总觉得自己要快点把这些书看完，到最后却一本书也没看完！工作也是这样，总感觉自己还有好多好多事情要做，但是最后才发现自己一件事情也没做好！”

“买书如山倒，读书如抽丝！你这个是典型的心浮气躁啊！”我笑着回答道。

“不不，我还是很沉稳的，知道自己的目标，我要在接下来一个月里面把自己的APP开发完成，然后还要学一些新的技术，总感觉技术学不完啊！”，L似乎不太满意我给他下的结论，听完我说的话之后马上反驳道。

“嗯，我知道，那你有没有为自己列一个计划呢？这样就可以按照详细的计划一步步来做好自己需要做的事情了啊！”

“计划有什么用？我从不做详细的计划，觉得那是浪费时间。我只给自己规定一个大概的方向，然后朝着这个方向走下去！”L对我的提议不是太“感冒”，也确实，他一直属于那种特别有自己想法的同学，很难人为地改变他内心的一些固有想法。

“但是你最后还是没能完成这些目标，是吧？而且完成了的也是匆匆完成的，毫无质量可言。”

L这个时候似乎有些沮丧了，思考了一下然后叹了口气对我说：“确实是这样，我没办法按照自己的方向一步一个脚印地走下去了！”

谈话谈到这里，其实我已经发现了问题的症结所在，那就是“心浮气躁”！所谓“浮躁”，其实就是一种个人不健康的心态，这种心态的典型表现就是“有理想，但是没有耐心去慢慢实现这个理想”。给自己定目标和愿景其实是一件很容易的事情，甚至可以说是一种容易“成瘾”的事情。因为向别人和自己说出一个目标，只需要几秒钟，但是实现起来的话可能就需要一个月，一年，甚至是一辈子，廉价的“目标”与昂贵的实现成本之间的落差导致我们慢慢变得越来越浮躁！

可能今天L受了外界的刺激，打了鸡血似地对所有朋友喊着“我要减肥！”，但是慢慢发现减肥实在太困难了，这其中不仅需要坚持不懈地制定自己的运动计划，每天多少公里的慢跑，多少时间的游泳，更加需要为自己制订详细的饮食改变计划并坚持着执行下去！问题是绝大多数的刺激点压根不会等到你减肥成功才失去功效，而我们面对的绝大多数情况是睡了一觉之后就没啥劲头去继续执行昨天晚上为自己制订的减肥计划了！

“你知道吗，所谓理想或愿景，压根就不是靠一鼓作气去实现的，而是靠坚持不懈努力，一寸一寸慢慢接近而完成的！”我一脸严肃地对L说道。

“感觉做了编程这一行之后，需要学习的东西越来越多，除了智商不够用之外，时间也慢慢变得不够用了，最后搞得心力交瘁！唉！”，L仿佛历经了十万种人世沧桑似的向我说道。

“为什么不让自己放松一些呢？你需要同时学的东西太多了，而恰好你的大脑又不是能扛住火力全开高并发模式的多进程，最后肯定会导致大脑瘫痪的啊！”

“行了行了，你弄得比我还像搞计算机的似的！其实我也知道这些，但是我没办法啊，你知道吗，我根本停不下来，现在稍微好点的公司对做技术的都要求会这个会那个，新技术才刚出来没多久很多公司就用上了，所以就会不断要求你去学，如果我不学的话就会被市场淘汰，你懂吗？”

“那你现在失业了吗？”我反问道。其实L在我朋友圈子里面也算是很不错的了，虽然这货老是自黑，但是不可否认的是作为程序员确实比很多同龄的朋友工资要高，前景也是非常好的，这样坚持做下去成就一番事业也是早晚的事情。

L若有所思地似乎理解了我话中的意思，之前刚开始谈话时候的无奈的表情也收回去了。确实，不管多急，不管还有多少事情等着去做，我们现在不都是生活得好好的吗。没有吃不饱穿不暖，也没有谁天天逼着你对你进行人身攻击是吧。所有的这一些都是源自于“想太多”。想得多本是好事，表示你还是一个“活着”的人，不至于将自己的大脑完全“腐朽”掉。但是从另外一个角度来看的话，想太多也不是一件好事，这意味着你完成不了或者达不到你想的概率会增加很多。一旦你达不到你内心想要的，你就会开始否定自己，然后为了证明自己其实是可以的，你就会想更多，然后慢慢发现自己达不到的就会更多。这样下去就会形成恶性循环，最终导致自己越来越浮躁！

不是说不断地去学习是不对的，我们生活在这竞争激烈的社会，肯定需要不断学习，但是我们要认清一件事，那就是我们学习不要将最终的目的老是挂在心上，学习本身就是一件让人兴奋和感到幸福的事情，我们要慢慢开始享受这个过程，等你走完这个过程之后，你最开始的目的也顺便就达到了。“伸手摘星，即使徒劳无功，亦不致一手污泥！”我们最终的目的是找下一颗最心仪最耀眼的星星，但是这个过程本身其实就是一段难忘的旅程，这样想的话，可能给最终是不是真的“徒劳无功”也并非如最开始想象的那么重要了！

对于学习，我们的正确打开方式是怎样的呢？

1. 制订少量的计划，尽量让自己“单进程”地进行，完成这个计划之后再进行下一个计划。

2. 计划尽量用详细的时间来标注，可以不管实现细节，但是一定要对时间进行严格管理。

3. 开始享受完成计划的过程吧，结果一定会如你所愿的！

4. 计划尽量贴近现实。当你还没有将CSS3的语法完全看完并用案例实现的时候，不要去制订学习SASS或者LESS的计划！

当你开始慢慢专心完成了一两个高质量的计划的时候，你就会按照这个思维方式去做接下来的事情了。千万要记住“没有来的事情不要瞎想，眼下的事情不管你觉得多么不堪，认真做好才能心安理得地迎接新一轮的到来！”

“嗯，听你这么说我是要考虑是不是要慢慢减少自己的那些所谓的计划了”，L一本正经地对我说。呵呵，我相信他会慢慢习惯将自己的“心浮气躁”转变成“积极进取”的！

所谓“浮躁”，其实就是一种个人不健康的心态，这种心态的典型表现就是“有理想，但是没有耐心去慢慢实现这个理想”。而所谓“进取”，其实就是“有理想，也能坚韧而有耐心地一寸一寸慢慢地向理想迈进”。

有勇气去坚持
你的追求和梦想

[1]

朋友S酷爱旗袍，每次聚会都穿不同风格的旗袍出席，她说这辈子最大的梦想就是开一间旗袍店，天天穿着旗袍招呼客人。我们纷纷支持，觉得S如此热爱旗袍，一定会把这家店经营得与众不同。

在我们的鼓励下，S决定无论如何都要开一家旗袍店，这辈子只剩下这么点爱好，再不去做，就真的老了。于是，S开始寻找店铺、货源，忙得不可开交。

朋友聚会时，我们关心地问她旗袍店什么时候开张，好去给她捧场。原本还谈笑风生的S突然变得闷闷不乐起来，说旗袍店不开了。说着，长长地叹了一口气。

我们忙问遇到了什么困难，看看有没有什么地方可以帮忙的。

S犹豫了一会说，老公不同意，觉得她现在的工作稳定又体面，收入也不错，还可以照顾老人和孩子。一旦开店，前期投入的时间和金钱会非常可观，而且她从来没有做过生意，老公对她的能力也不信任，觉得此举太疯狂了，并且还联合了她父母给她施压。父母也劝她别折腾，放着好好的福不享，开什么店呢！要是店没开好，还影响了夫妻感情，那就真的得不偿失了。

在一群人的反对下，S迟疑了，虽然还是热爱旗袍，虽然旗袍店是她一直以来的梦想，但她不敢坚持。

我们叹了口气，没说什么，毕竟那是她的人生，她的选择，我们尊重就好。

回去的路上，S自嘲地说："我以为只是妥协一次，结果我却妥协了一辈子。"

[2]

我认识S很多年了，她的性格和脾气都很好，很少与人争执什么，遇到事情总是习惯为别人着想。

念大学时，她想选音乐系，可是在父母眼里音乐系不是个正经科目，念了也没大用，坚持让她选择金融，因为她有个姑姑是银行行长。S郁闷了很久，最终还是顺从了父母，选了完全不喜欢的金融专业。那四年里，我不只一次地听到S抱怨父母，但却不敢按照自己的意愿选择。

毕业后，同时有两个男生追她，其中一个家境不太好，但对S用情极深，S也很喜欢他。另一个追求者就是现在的老公，家境优越，但S总觉得他太过自私。可父母完全不支持她选择前者，认为缺乏必要的物质条件还怎么给你幸福？

这一次，S抗争了，父母极为震怒，采取了更为激烈的手段迫使S就范，甚至跑到男方公司去闹，S很快败下阵来妥协了。男友流着泪对她说："我根本不在意你父母怎么对我，只要能和你在一起，我什么都能承受。"但S没有足够的勇气与父母对抗，两人含泪分了手，S嫁给了父母满意的男人。

婚后，S是个好说话的人，有什么分歧，她会退让妥协，所以和现在的老公相处也没有大问题，如果不是这一次的开店事件，两人应该会一直平平静静地生活下去。

大多数人也觉得S生活得不错，夫妻俩收入不错，共同养育一个孩子，双方父母条件也不错，比起很多人而言，她已经是非常幸运的人了。

然而，在一次同学聚会后，S打电话给我：“亲爱的，今天我又见到他了，看见他的一刻，我只有一个想法，我这辈子嫁错人了，我不快乐，我真的一点也不快乐。”

我完全理解她的心情，S失去了自己的人生，一个没有期待和追求的人生，其他东西再充足，也是枉然。

[3]

结婚一年的朋友喝得大醉对我说：“亲爱的，我遇见自己想要的人了，可是我已经结婚了，如果……如果他早一年出现，如果……如果我再坚持一年，也许人生就不一样了。可是人生没有如果，我没有出轨，可是我现在对老公处处看不顺眼，这样下去很危险，我该怎么办。”

看着她痛苦的样子，我除了叹气，丝毫帮不了她。

曾经看到一句话，我们当中很多人，穷其一生也不会找到自己的真爱，因为我们在真爱来临之前已经向生活妥协，在周围催促和自我暗示下，与一个不怎么爱，却被称为“最适合”我们的人早早捆绑在一起，甚至很多人以“这个世界上哪有什么纯真的爱情，最后不过都是柴米油盐”来安慰自己。

纯真的爱情、美满的生活绝对有，只是看你有没有勇气去坚持它的到来。

我们经常抱怨生活各种不顺心，婚姻生活平淡得像一杯白开水，工作枯燥乏味，毫无乐趣。

可是亲爱的，曾经你也对婚姻爱情充满了憧憬，对事业有自己的规划和追求，为什么最后会生活成这样呢？你努力过吗？你坚持过吗？你有没有勇气在真爱到来之前抵住所有的压力，只为找一个自己喜欢又满意的伴侣呢？你有没有勇气抵住所有的质疑与诱惑，只为坚持自己的梦想呢？

你妥协得越多，就失去越多，只剩下怨念与不甘。

[4]

我们一直以为妥协一些，将就一些，这个世界就会为我们让出一席之地，但最后除了失去更多，什么都不曾得到，徒增许多怨念。

每一次妥协背后，都有一个真实的目的，或者害怕失去，或为息事宁人，很多人认为降低标准可以得到自己想要的结果，其实不是，你所拥有的底线才决定你不会失去什么。一旦你丧失了底线，很快就会溃不成军，你所在乎的东西，会一样样失去。

诚然，也许你能够获得暂时的平静，但很快就需要你作出更大的妥协，直至你丧失所有原则，被生活打下十八层地狱。

很多人百思不得其解，我已经一退再退，为什么还是得不到想要的结果呢？退一步未必海阔天空，也许身后是万丈悬崖。

这个世界上值得你退让妥协的人只有一种，那就是成熟、感恩、珍惜你付出的人，可是这样的人却不会让你委曲求全，牺牲自己。比如你嫁了一个成熟感恩的老公，你愿意为了他放弃心爱的工作更多的照顾家庭，你愿意舍弃自己的爱好去成全他的追求，但他却不会让你这么做，他会尊重你的人生与付出。

一个需要你委屈自己时时妥协的人，绝对给不了你想要的人生。你的妥协成全不了对方，他只会在你的妥协中进一步提高自己的需求罢了。你的妥协也成全不了自己，因为每一次妥协必定带有目的，当事与愿违时，是否甘心，答案自在你心。

不必羡慕那些过得比你精彩自由的人，她们并不比你优秀，只是在自己的人生里，她们有自己的想法与追求，并且有勇气去坚持。

有些事需要先开枪，再瞄准

思考，从不是一件坏事。但过度的思考，常常很顺理成章地成为行动的绊脚石。

什么样的读者来信最让我哭笑不得，就是“点姐，我打算今晚就开始运动，但是我不知道运动前到底是应该吃个苹果好，还是喝点酸奶好。另外我去健身房要不要涂个隔离霜啊？一路上有很多灰尘，可是涂了隔离霜之后，会不会把毛孔堵住不能很好地排汗啊？运动完之后是不是要立即洗脸啊？可是洗完脸之后出门会不会被脏空气吹着了？……点姐，运动真的好麻烦啊！”

我眼前出现了一个拧巴到眉毛打结的小姑娘，为了以上这些烦琐的问题，五脏翻江倒海半小时，最终的结果：还是不去运动了。

其实，无论你空腹或饱腹、隔离或裸脸，其带来的好处、伤害，都无法与实现运动的重要性相比，更何况，如此趋所有利、避所有害的好事儿，又有谁能够给你足够权威的理论根据呢？

我还曾目睹一位朋友在当当上购书，久久徘徊在5、6本之间无法拿定主意（我保证不是经济困窘）。她头头是道地分析了每本书的优劣，细化到“如果我买了这本，好处是什么，遗憾是什么”，等到全部讲完之后，手一摊，撇着嘴问我，“我到底买不买了？”……

所以有时我更欣赏做事一根筋的人。每天拿出五成的时间思考就够了，因为剩下的还要留给行动。这样的人不会因为“聪明”而损失惨重。

其实就我的观察来讲，压根不动脑就扑上去三下五除二的人非常少，反倒是在脑子里滚来滚去一百遍，分析各种利弊可能，恨不得纠结到吐血前一秒，盼望着一个神明出来说一句，“就这么做吧，我拿生命给你保证没问题”，然后才肯下手的人，比比皆是。

可是，活了这么多年，还没发现“人生压根没有任何保证”这回事吗？

“三思而后行”，到底要思多久？

自从我看到这句话之后，就把它抄了张小纸条，贴在了我家冰箱门上。每天路过，我就要想一想，“万恶的大双子，你今天想的问题是够了，可你做的有多少？”

坦诚地讲，我们从小被教导要做计划、要走一步看三步的思维模式，真的也是一把双刃剑。被灌输的“凡事要三思而后行”“谨言慎行”，其中的“度”其实非常难以把握。

于是，在每个人长大的过程中就碰上了这一段“成长剧痛期”，我们难以把握所学信条之中的分寸，于是所学所想与现实激烈碰撞带来了方方面面的疼痛。当迷茫的现状撞上野心勃勃的欲望，疼痛自然更加难耐。

我们很无助地发现，啃书考试的时候，只要我们把公式都记住了，难题都搞清了，就能考上个差不多的分数；不管多么另类奇怪的老师，都会信誓旦旦地给你洗脑：只要你用功，就能考上好大学，就有一个好前途。

可是，当真正走入社会之后，我们面前所有的洗脑者、同时也是保证者，全都不见了。就连一向苛刻的父母，也柔软下来，没有了高考这么凛冽的人生目标，我们仿佛只要有一份工作、能生存下去，就不错。

这时不满现状、性格里愿闯爱拼的人，就不免开始变得混沌，我的下一个目标在哪里？我努力就会有结果吗？几条看似差不多的路我都想尝试，但只能走一条，有谁能够替我保证我不会后悔？

于是就有了无休止的绞尽脑汁和挠破皮的利弊分析，长此以往，我怀疑人的思维定势和行为记忆会控制你，在做大事小事之前，都要经历泥泞挣扎的“思前想后”和自我折磨。

而且，两种人最极致，一是读书多的，二是欲望大的。如果你读书又多，又野心勃勃，那祝你千万别抑郁了。

当然抑郁也是一件好事，不少人从抑郁的状态里走出来之后，都想明白了很多事情。有一次我和一位好友在聊起“痛苦的思考”状态的时候，她说，现在她越来越不愿意将自己长久地放置于一种计划、斟酌、焦虑、不定的状态里了，想到什么，判断一下就开始着手，其他时候清清淡淡地不让自己胡思乱想。

“因为我知道，很多事情其实并不需要多么缜密的思考和斟酌，真的没那么严重，这只是我的惯性而已。而且我坚信，凭自己的判断力和智商，也压根不会作出多么离谱的选择。”

真的，除了升学、择业、婚姻、育儿几件非常重要的事情需要您格外操心，谨慎选择之外，日常生活中究竟有多少事情值得你思前想后，郁郁寡欢呢？

我感觉自己比以前成熟一些、也更轻松一些的一个标志是，我明白了一件事：nothing is guaranteed.（没有什么事是被保证的）。

以前我大多的不爽和恐惧，都来源于对选择之后未知结局的担忧，我永远像一个悔棋不倦、在麻将桌上被人讨厌的弹簧手，恨不得来来回回地悔改。我总是希望自己做出最最正确的选择，绝对不能有误，这远远超出了完美主义的范畴。啧啧，完美主义是多么好听的一个词，我只能是病态到丑陋的完美主义者。

这不仅让我身边的人压力极大，当然折磨自己也更多。但可惜过了很多年之后，我发现如果有对错之论的话，我该选错的地方还是选错了，遗憾的地方也能写满一张纸。我并没有因为自己慎之又慎的神经质，而达到事事完美的皆大欢喜。

反倒是，很多本来说不定可以发出芽的种子，被我在思考之后摒弃了。由于不确定，所以也没播种。

若现在还能让神经质的我，再后悔一次，我选择后悔的是：我为何不把所有的可能性都试一下，何苦把“试一下”的时间，都拿来苦思冥想了。

我更有切身体会的是，没有任何人可以做你的担保人，除非上帝，因为没有人能用全视角来展望这个世界，并把未来三五十年间发生的事情提前透露给你。况且，有时保留一点命运留给你的神秘感，也蛮美的。干吗非事事都要索要个明白？若真有人能告诉你，你咽气的时候有几套房子、有几个孩子、身边是谁、有多少票子，你真想知道？

况且，渴望看到确凿的结局，才肯付出，那和爱情里面斤斤计较、衡量再三、看到对方的真心才肯表露真情的自私鬼有什么区别？你对自己的人生也太不豪爽，太没诚意了！

老天爷，你啥时候给我一个男朋友，我跟他能不能不离婚？老天爷，我辛辛苦苦复习考研之后能不能在未来出任CEO，迎娶“白富美”走上人生巅峰？老天爷，我天天运动累成狗，半年之后到底能不能瘦十斤？

就想说你一句：任谁都喜欢默默努力，心怀感激的孩子，你这么不可爱，老天爷凭啥回答你？水还没到，就问渠能不能成，你不光得罪了老天爷，还违反了自然规律。

所以，先做，别先索要承诺。有一万个细节决定你是否能如愿。

日日手捧“思考”圣杯，为求一个完美结局而愁眉苦脸的人，一点也不性感。虽说思考永远是人最大的优势和进步的阶梯，但过度的思考也是人受困于情绪、招致痛苦的原因。苛刻的思考更会使一个人显得死板、沉重、了无生趣。

都说用深入的思考来指导行动，是非常明智的事。可当过度自我裹挟的思考，限制了你的行动，就太得不偿失了，毕竟，行动只是开始。

更多决定你是否能成功的因素，存在于行动的每一个细节，随时借助思考来调整航向、灵活变通，才是更重要的努力。

就好像有人把“领取结婚证”当作完美结局，而有些人却把“领取结婚证”当作战战兢兢的开始。婚姻幸不幸福，不在于你有没有选择结婚这件事，而在于你擅不擅于过好婚后的每一天。如果你是个废物，那么就算你干脆不结婚，也有可能是个失意的单身汉。

当我在家里呆坐十天，也根本想不清楚，应该先去哪个公司实习、尝试的时候，我灰头土脸迷茫得想跳楼。但当我最终随便选了一家，跑去上班的第3天，就遇到了一个碰巧懂行的同事，他跟我聊了一中午之后，就否定了我的另外几个选择——比我苦思冥想10天的结果轻松多了。

有时，你并不知道自己的哪一份积累，会在哪一个机会上为你争取致命的优势；你也根本不知道，在你广撒网的时候，会捞上来哪一种鱼。也许当你真的来到海边，看到一群一群捞鱼的人，然后突然顿悟，不想捞鱼了呢。

我在做Queen主义之前，不知道有多纠结。我不确定的问题不比我掉在地上的头发少。我不确定自己的潜力，不确定有没有人帮我，我甚至天天想象自己在拼尽全力以后摔得很惨。

但有一天，一个创业做得很棒的朋友，告诉我一句话：这世上真的有些事，是你以现在的视野所看不清楚的，你必须先走两步。

我现在特别庆幸我的开始，虽然未来仍是一片未知，但我每天的收获是可以垫底的，即便走错路也是满满的收获。

况且，想要真正地解决问题，首先，你得让问题先真实地暴露出来，而不是永远停留在设想。

是的，有些事需要先开枪，再瞄准。

做一个知行合一的人

你是否也曾有过这样的体验：

痛下决心，今晚开始，就不再熬夜；可过了没几天，又旧病重犯。

热血沸腾地说，从明天起，开始健身；结果坚持了不到两周，就宣布计划搁浅。

看了一本书、听了一堂课或者“打了一针鸡血”，于是“脑洞大开”，决定改变，顺手还发了条朋友圈：努力遇见一个更美好的自己；结果到最后，只看见了一个更“狗血”的自己。

……

明明知道又想要，偏偏任性做不到。

Why?

[是因为你总是在暗示自己做不到]

M是一个“否定上瘾者”，因为她总是习惯去否定很多。

工作不开心，她就开始否定工作和领导：“我们领导，真是没什么水平……”“这份工作，真是如同鸡肋……”。

培训刚结束，她已经开始否定课程和老师：“都说这课程多牛，可我看就有很多漏洞，比如……”“我看那老师，也一般……”。

……

M仿佛练就了一双火眼金睛，总是能够敏锐地发现生活中的差。

后来，公司有一个内部岗位竞聘的机会，M报了名参加，而且，她很想得到这个岗位。

照理说，根据M的资历和能力，拿下这个岗位肯定没问题。

可竞聘开始以前，M又掉入了不断否定的漩涡：

“我的PPT做得不够好”“我总是不擅长演讲”“我不能很好地跟领导相处”……

这一次，M把自己都给否定掉了。

后来的竞聘，M输得一塌糊涂。

习惯负面思维，会让你看不到更多的可能性，会让你产生对抗性，会让你容易去否定和批判很多，让你的视野越来越窄，让你的行动力越来越弱。

而当你去否定一切之后，最后能够否定的，只剩你自己。

当你否定了自己，就很难再做成些什么。

[因为你想得太多而无法聚焦]

小胖去听了一场某大咖的读书讲座，回来以后，兴致勃勃宣布：启动自己宏大的读书计划。

按照大咖开出的书单，小胖买了书单里的大部分书，然后摩拳擦掌，准备大干一场。

周日晚上，和小胖一起在秀林路吃烧烤。

你说，我要不要开一个公众号，小胖说。

怎么突然想搞个公众号？我问。

小胖说，用来分享读书心得呀，×××（大咖的名字）说读书需要跟别人分享，这样才能吸收得更多。

读书计划还没开始实施，小胖就已经想着用公众号来分享读书心得了，也真够远见卓识的。

想法挺好的，不过，你得先把读书计划执行起来再说，后续的事情再慢慢搞，我说。

小胖不说话了，低着头撸着他手里的串儿。

还没完。

周二晚，我正加班，整个人心急火燎的，小胖突然打进来电话，说：我又想到一事儿，我们要不要搞个线下读书会，这样读书才有意思……

我一着急，甩出来一句：你还是先把你买的那一堆书读完再说，别整那么多没用的……

过了一个月，我问小胖：你那读书计划搞得咋样？

第一本书刚读了一半，不过，关于读书，我又有了一个新的想法……小胖开始滔滔不绝地讲他的新想法。

唉，真心要给这死胖子跪了，想法太多了，可问题是，你得去干呀。

最后，小胖的读书计划还是破产了。

简则明，多则惑，知道得太多而无法聚焦，知道得太多而不去行动，只会让你精力分散，最后偏离原本的目标。

[是因为你没有危机意识]

华子终于宣布戒酒了，这让我们都大吃一惊，因为华子曾经说过：唯女人和美酒不可戒。

圣诞夜，星座酒吧，华子的公司和B公司一起搞联谊。

也不知咋回事，华子和B公司的D呛上了。

俩人放弃武斗，决定通过拼酒一决高下。

D虎背熊腰，壮得像头牛，据说酒量比武松还大。

俩人开始斗酒，红的啤的洋的轮着来，一杯一杯的往肚里倒。

同事怕华子吃亏，劝他少喝点，但华子那倔脾气一旦上来，谁也拦不住。

华子继续和D缠斗在一起。

也不知道喝了有多久。

后来，喝着喝着，华子突然吐了一口血，然后就瘫软在地。

这一口血，终于停住了酒局，也差点吓傻了众人。

同事匆忙把华子弄到医院，一检查，胃出血。

还好不是很严重，但需要住院休养一段时间。

那天，我去医院看华子。

“这次玩大了”，华子说。

我调侃他，说：“是玩得挺大的，人家喝进去的是酒，吐出来的是酒，你喝进去的是酒，吐出来的是血…”…

华子笑着用拳头砸了我一下，说：“这次真戒了，我还不信戒不掉了。”

就这样，在经过了阵痛之后，华子再次开始了他的戒酒之旅。

可过了没多久，在几个朋友的饭局上，我看到华子仍旧是喝得最凶的那个。

“你不是戒了吗？”我问华子。

华子说：“本来要戒的，可后来经不住朋友劝，再说了，少喝点也没啥事，不可能每次都喝到胃出血呀，以后再慢慢戒……”

我听完，也就不再说什么。

华子经历了喝酒之痛，仍旧不把戒酒当个事，又怎么可能戒得掉？

有时候，我们明明知道该做一些事情，但因为这些事重要而不紧急，再加上缺乏危机意识，所以总想着以后再做。但人生苦短，哪有那么多以后？

[是因为你分不清轻重缓急]

听说我办了张健身卡，蛋蛋也去办了一张，说是要抱成团健身，这样更容易坚持。

于是，约好每周一三五晚上，至少去健身房运动两个小时。

第一周还好，蛋蛋还能够如约而至。

而且每次运动完，蛋蛋都会发张自拍到朋友圈，搞得很励志的样子。

可到了第二周，蛋蛋就总是迟到，不是因为那样的事耽误了，就是因为这样的事拖延了。

第三周，周三，晚上没见到蛋蛋，我就打电话给他，问他在哪儿。

电话那头一片嘈杂，蛋蛋喘着大气吼着："我在唱K呢，今晚就不去健身房了，对不住啊，哥们……"

第四周，在健身房已经根本见不到蛋蛋的影子，打电话给他，他不是在忙，就是今天太累不想来了。

催得次数多了，我自己也烦得慌，就不再管他了。

蛋蛋的健身计划，也就这样无疾而终了。

健身很重要，蛋蛋不知道吗？他知道！

可是，在蛋蛋的心里，比健身更重要的，是让别人知道他在健身，是去唱K或者忙其他，于是，健身本身，似乎就显得不是那么重要了。

一件并不是那么重要的事，谁会去用心做并且努力完成呢？

[是因为你内心并不真正认可你所做的事]

内心的价值观并不认可所做的事，这一点是导致知道但做不到的根本原因。

M不知道正面思考很重要吗？她知道！可是在她的价值体系里：当一个评判者比当一个赞美者更重要，所以，她总是改不掉负面思考的毛病。

小胖不知道读书很重要吗？他知道！可是在他的价值体系里：享受人际交往比读书本身更重要，所以，他总是分散精力而无法专注读书。

华子不知道戒酒很重要吗？他知道！可是在他的价值体系里：面子和当下的欢娱比戒酒更重要，所以，他总是无法真正戒掉。

价值观是我们心里那双"看不见的手"，它会主宰着我们去做出判断并行动。

当你内心真正认同你所做的事时，就会想办法去做到，就算遇上困难，你也会把困难当作成长的陪练。

而当你并不真正认同你所做的事时，你就很难去做到它，而且还有很多借口及理由。

然而，知道但做不到并不是我们的终极宿命，

那么，该如何做，才能从知道到做到？

1. 正面思考，及时跟踪

停止抱怨和否定，不做生活的差评师，尝试肯定与接纳。

正面思考，多去发现可能性和解决方案。制订一个计划或拿到一个任务，先想一想：如何才能完成得更好，而不是：因为什么原因，导致我无法执行。

制订可跟踪的行动方案，借助外力监督。比如，你无法坚持早起，就可以加入一些早起群，通过准点打卡和同伴监督的方法，来让自己做到早起。

2. 简化目标，聚焦行动

简化目标，才能抓住重点和保持专注。比如，制订年计划，可以涵盖很多目标，但核心目标最好保持在两到三个，这样才能有的放矢；听完一堂课或者看完一本书，没有必要记住所有内容，而是抽取对自己最有用的几个点，这样才能够快速吸收和行动。

聚焦行动，需要化大为小和强化重复。

化大为小，是指把大目标或者长远目标拆解为眼前的小目标。比如你的大目标是半年内减肥5公斤，大目标拆解到最后，就是你每天要跑步90分钟。

强化重复，是指可以写下你的目标。比如：2015年读书100本；勤记笔记。比如：记录你的读书进程和心得；让目标可视化。比如：把你的读书计划拍成照片，然后设置为手机屏画；来让你时刻记住目标和该做的事，从而刺激行动并坚持。

3. 建立危机意识

危机意识的强化，一方面是来自自身经历的领悟。比如：人在生了一场大病之后，就更容易认识到健康的重要性，从而变得能够坚持运动；另一方面是来自对别人经历的感知，比如：当我们看过天灾中一些人的经历之后，就更容易珍惜眼前和亲情。当然，这都是被动地建立危机意识，主动建立危机意识，需要你清楚自己的目标并随时考量，比如：你的目标是三年挣够100万元，可当时间过去一半的时候，你却只挣了不到10万元，你自然就着急了，无论健康、工作或者其他方面，也是一样的道理。

4. 分清轻重，行动先行

分清轻重缓急，最好用也是最常用的方法是四象限时间管理法，方法常见，人人熟知，所以就不在此赘述。但用好四象限时间管理法的前提是，你得清晰地知道自己的目标，并能够做出取舍和排序，否则，一样难以分清轻重缓急。

行动先行，指的是有时其实我们并不需要用计划来指导行动，而是用行动来带动计划。比如我们在前文中提到的小胖读书那件事，小胖根本没必要先制订个计划再开始读书，而是先去读书，读着读着，慢慢找到感觉，掌握了读书的频率和速度，然后再制订个靠谱点的读书计划，这样就更容易达成。

5. 真正接纳并认可你所做的事

寻找榜样的力量：可以看看身边，跟你做同样事情的前辈或者同行，他们是如何做成并且如何坚持的，找到做成事情的方法和精神动力。

想清楚做这件事情的利益点：做成这件事能给你带来那些好处，比如如果减肥成功，可以让身材更健美，可以让你的免疫力增强，变得更健康；可以让自己得到更多的成就感和满足感……从而增加去做这件事的动力。

择你所爱：因为热爱，所以更容易坚持和认可。

内心对话：安静地问一问自己，我想要的到底是什么？那些影响我至深的价值观是什么？我为什么活着？找到更多的内在动机和力量。

从知道到做到，是一次从脑到脚的旅行，也是一场一个人的战役，你需要了解自己、改变自己并战胜自己，才能成为最终的赢家。

做一个知行合一的人，你能！

这一次不为别的，就为那个想成为的自己

[1]

过了某个时间节点后，身边的朋友们都各自步入了不同的生活轨迹。

曾经那个拿着相机穿梭在城市街角，立志要做一名自由摄影师的M，如今却端坐在公务员办公室里埋头苦写乏味的报告；

曾经那个整天待在宿舍里看电影，立志要成为一名编剧的H，如今却乐此不疲地在朋友圈里晒着自己跟孩子的每个日常；

曾经那个成天逃课去旅行，立志要成为一名周游世界的背包客的F，如今却在一家广告公司里做起了HR；

曾经那个嚷着讨厌书本极力想要休学的B，如今却远在美国继续着他的学业；

哦，还有曾经那个放荡不羁，时常聚众喝酒闹事的T，如今却在泰国做起了中文教师；

而我，正在这偌大的北京城里，刚辞了职，对漫漫前路而感迷茫。

我不知道此刻的你，是否在为毕业了却不知去向而倍觉困顿？还是正在为某段感情到底该不该继续而倍感困扰？或是和我一样正站在人生的分岔口不知如何抉择而感困厄呢？

[2]

大学时，自己尚且还有充沛的精力，可以一天身兼三份工，靠自己解决学费和生活费之余还能积攒一些钱买一些喜爱的物件，那时觉得生活特别容易满足，精神上也觉得很富足，更觉得自己和那些成天泡在网吧或宿舍打网游的同龄人相比起来，绝对算得上是“努力”的那一类人；也以为自己那点所谓的社会实践经历就能为日后的工作而打下坚定的基石。

所以，大学一毕业，我就迫不及待地打点好行李来到了远离家乡3000多公里的帝都做起了北漂的一分子，总以为只要怀揣着一份赤诚之心就能闯荡出一片属于自己的新天地。

那会儿，我好像真没有像寻常大学毕业生那般迷茫。

大抵是因为自己平日里特别爱看电影又爱写影评，所以就一个劲儿地把自己的简历朝各类大大小小的影视公司里投，因为命运的几分眷顾，我顺利拿到了行业内一家所谓自带光环的电影公司的offer。

可好景不长，这份工作内容的走向并未按照预想中的那么发展。

一来，它的琐碎，它的浮华，渐渐开始浇灭了我最初的热情；二来，这份时时都需要加班加点的工作也牺牲掉了我大部分的私人时间而让自己觉得难以喘息。作为一个平日既爱好摄影，又爱好写作，更自以为是的文艺青年而言，当时那样的处境足以让我倍觉焦虑，更让我开始质疑当初的抉择。

所以任凭别人如何劝告，又如何说这份工作能为我日后带来什么样的优势，我都听不进去，那时的我只有一个念头——即使让我再回到从前一天干三份工的日子，也总比在这煎熬着要好。由此，我义无反顾地递了辞呈，辞去了这份所谓让许多人生羡的工作。

后来在不断摸索方向又不断遭遇迷茫的过程中，我辗转做过专职摄影师，也做过文字编辑等职业。虽然历经了各种不同的职场，但我依旧还是改不掉“说走就走”的臭毛病。我在一份岗位上总是待得不够长久，对一份工作的喜爱更加谈不上长情。

曾看到过这样一句话：“不管你学什么专业，找工作一定要找个你喜欢的，这样你每天早晨六点到晚上八点都是高兴的；再找个喜欢的人在一起，这样晚上八点到早晨六点就是开心的，这就是生活。”从前，我还会常常拿这句话来为自己的不踏实做借口，也试图拿这句话去掩盖自己内心中的不确定。

但到了如今这个光有想法，却什么都没有干成功的阶段，我开始明白，现实生活里，理想终归是丰满的，现实却当真是骨感的。特别在自己既没有什么殷实的家境，又没有什么出类拔萃的优点的时候，很多路说到底都只能脚踏实地地走，绝不能单凭喜好去衡量自己要做什么，又不做什么。毕竟，当一个人的能力配不上野心的时候，谈何作为，谈何梦想。

回想自己走过的这一路，虽然努力地去工作，但究其根本其实每一次的努力背后都没有特别明晰的方向。

想过回家乡做一个普通的老师，过着悠闲的生活，教导莘莘学子；想过做个专职作家，把我所见所闻的每个故事都用文字记录下来；想过留在帝都创业，证明下自己也可以干一番事业；我想做得那么多，可是，沉下心仔细寻思，却不知道哪条路才是对的。

这样没有方向地瞎想瞎努力，说到底，就是对生命的一种虚耗。

我们始终要明白，能寻觅到一份自己喜欢又适合的工作真是不易。我们都在极力地挖掘自我，可往往总是折腾了半天，却发现自己还是处在迷茫之中。

一个人，可以给自己一年到两年的时间去理清自己的思路，去摸索自己的方向，但若时间久了，还维持在一如往常的状态里难以自拔的时候，确是应该好好地进行一番自我审视和鞭策了。

我明白几乎所有人的人生都要经过从激情到困惑再到彷徨的阶段。初入职场，我们总是满怀壮志，激情满满，总以为自己可以干出一番大业，可到头来，却发现自己的力量是如此渺小。我们难免被乏味的工作本身磨灭掉热情，也难免被复杂的职场消耗了本性，由此有很多人选择了妥协，忘记了当初的雄心壮志，就此改为追求稳定的生活，平淡地度过自己的一生；也有许多和我一样迷茫的人，满心都想极力地赚足钱，然后去想去的地方，买想买的东西，为家人创造更好的生活，可是回过头想想，还在迷茫的时候最重要的绝对不是去赚钱，而是找到属于自己的方向。这一路，不求一定要找到自己喜欢的，但至少要知道自己不喜欢什么，不要什么。

年轻的时候我们可以给自己一些时间去试错，在试错的过程中增长见识，拓宽眼界，寻找正确的方向，趁着年轻，找到自己，发现自己，别等到了我们不再年轻，也不再耗得起精力的时候才去谈“找方向”。

更何况，我一直坚信每个人在不同的人生阶段都一定会经历这样或那样的迷茫期，从工作到爱情，从前程到婚姻，无一能幸免。我更一直坚信，迷茫这种东西从来都不会是暂时的，它也不是仅属于青春的，它是人的一生中难以分割的一部分，在每个无可预料的时刻猝不及防地出现在我们的生活里，试图阻碍我们前行的步伐。

我们要学会的，不是与它较劲，也不是向它妥协，而是要学会与它握手言和，且从它的身上不断地看清自己，懂得自己究竟要的是什么。更要学会找到一个确切的方向，为之努力，不要盲目地消耗自己的时间与精力。

总之，我希望自己能成为一个有独立思想、远离抱怨，并且能够踏踏实实去行动的人，并在这一秒开始严肃认真地对待生活，摒弃那些浮躁，踏踏实实地过好当下。也要去寻找一个明晰的方向，明白自己想要什么，或者不想要什么，才算对得起这一路来所付出的那些艰辛和努力。

虽然我向来认为一味地“熬鸡汤”是一种不负责任的表现，可到了这种时刻，与其怨天尤人，自怨自艾，唉声叹气，还不如就干了这碗鸡汤，整装上路，与路上遇到的那些哥们们拼一拼，这一次不为别的，就为自己。

塑造属于你自己的故事

你有没有遇到过类似的事：在18岁的时候，刚考上大学的自己，无论是终于解放了我要纵歌天下，还是觉得压力巨大奋斗不息，总之背上行李奔赴京城，懵懵懂懂要开启一流大学四年游的时候，你的美女初中同学在中专毕业之后，嫁了一个大她十岁的成功商人，已经生下了第一个孩子。同学聚会上得知这个消息的你，当时是怎么想呢？是不是无限唏嘘感慨，有些千头万绪无从说起的感觉。

但感慨过后，你回到京城，继续努力学习，背单词，写论文，搞社团，风生水起，不亦乐乎，总觉得未来有一个光明亮堂无极限的前途在召唤着你，等候着你，好像大学一毕业，你就会过上理想中的乌托邦的日子，工作，娱乐，踩起高跟，挺起胸膛，精英白领，威风凛凛。

后来你带着零挂科的光环毕业了，发现考公务员总是死在边边上，就差那么临门一脚；发现考事业单位连考题都在告诉你，“我们实在连装样子都懒得装了，你随便考考吧，我们有人选了”；发现小私企才不管你是什么名牌大学毕业的，只要来我们这，工资就这样，保险就不买，你爱在不在，不想在滚蛋。

没有关系的你摸爬滚打了几年，某日午夜梦回，发现自己还在最低层嗷嗷叫着，拿着微薄的工资，有时候连吃饭都只能啃老。空拿着各种光辉闪闪镶金边的证书，工作中自己的专业一毫米都用不上，出成绩都是领导的功劳，出错误都是自己的失职。

再次同学聚会，你带着一脸疲倦的素颜挤着公交车匆匆赶到，发现嫁有钱人的同学衣着靓丽，妆容适宜，珠光宝气，聊天的内容是自己又生了二胎。虽然罚款17万元，但总算是儿女双全，人生圆满，区区17万元岂能入我法眼。

你看着人家因为年轻就生孩子，所以几乎毫不受影响的身材曲线，看着人家因为不需要工作，所以毫不操劳而美貌白皙的皮肤，看着人家没读几年书，却可以大谈特谈育儿经，听上去还那么有道理。晚上十点了你说要去赶公交车，人家说好吧散吧我要去那边开车，路上有与你一样窘境的朋友告诉你，她看见人家开的貌似是奥迪一款很贵的车，你忽然有点不明白，自己辛苦地打拼，到底为了什么。

你甚至会领悟到，这个社会给了美女多少优待。

终究还是看脸吧，你想。

或者你有没有遇到过这样的事，大学毕业之后，家在省城的你作为家乡宝，回到了家乡。因为在省城竞争大，压力大，关系户多，城市边远，你的专业不是很用得上，你一直没能找到你觉得和你匹配的工作岗位。而你的一个朋友，研究生毕业之后，去了周边小镇的一个学院当老师，有编制，配宿舍，收入不错（反正比你高），还算清闲，想上进了可以自己再辛苦辛苦考个博。

只要你们聊天，他必定在跟你抱怨如何怎样想回省城，想来父母和朋友身边，一个人如何孤单无聊（虽有女朋友但正异地恋）。你虽然理解他这种对编制对工资弃之可惜的矛盾心情，但你连编制都没有。在各种小企业的压榨下，虽然身在温暖的家，心却漂泊天涯。每天不知道是什么把自己从床上叫醒，拖着沉重的身躯宁愿去上坟，却只能去上班，这种情况下，你还要安慰电话那边的人。

是啊，你理解他的矛盾，所以你轻声细语劝慰他，实在不行就回来呗，凭你的能力应该也没问题，或者在闲暇时间复习一下考考公务员考回来也是不错的。他立刻就反驳你，公务员那都是靠关系，我一点关系都没有，考都懒得去考。再说了，我现在的工作吧，感觉也还可以，工资还不错，能让生活挺滋润，就是没有家人朋友孤单了一点，有时候实在是无聊。

那你还能说什么呢？你理解他，他设身处地地理解了你哪怕一毫厘吗？他不过真的就是孤单无聊，抓你来打发一下时间而已。

无论有什么缺失，他们确实是过得比你好吧。

我知道，这种日子，你实在不想再过下去了。只是你走哪条路，兜兜转转地都会绕到这一步。

如果现在给你一个选择，你可以回到18岁那一年，虽然你不是美女，但如果你致力于找个大十来岁，还有点小钱的人嫁了，应该还不算太难，后面就过上你向往的相夫教子，挥金如土的生活。如果无聊了可以出去找点儿工作，这时候工作就只是一种调剂，你不需要它养活你，所以根本不会受谁的气。无非就是男人老了点儿，反正生了孩子，重心就在孩子上了，好像也不需要太在意。又不用辛苦地复习高考，又不用汗流浃背地跑招聘会，又不用低头哈腰地跟领导赔笑。

如果你回到了那一年，你会做出这样的选择吗？放弃大学，哪怕它只是象牙塔；放弃书本，哪怕百无一用是书生；放弃奋斗，哪怕蝼蚁只能是蝼蚁。

我对美女同学的生活选择，并不持批判态度，我觉得那也是一种好的人生选择，只要她过得幸福。我是说，到了我身上，既然我能学得进去，既然我喜欢读书，既然我还想进修，哪怕回到那一年，我也不会如是选择。只是我可能需要调整一下脚步和节奏，让我再来到今时今日的时候，能够比这一次，顺畅一些。

如果再给你一个选择，省城的公务员事业单位关系复杂竞争大，但周围小乡小县的相对比较容易，只是去了就是远离父母朋友，远离熟悉的生活。如果在大城市里自己打拼，眼前五光十色诱惑遍地，可能咬咬牙也就挺下去。可是如果到了一个人生地不熟，按我同事说，就是你要十样东西有九样买不着的地方，过惯了城市生活的你，怎么一个人去适应？有编制哦，有稳定的收入哦。你会选择吗？

这个诱惑就大了，应该是有人会选这个的，只是对于我来说，因为身边就有失独老人，对那种撕心裂肺深有体会。所以作为独身女，看着父母渐渐老去，还是比较想留在父母身边，让他们安心，所谓“子欲养而亲不在”，我一直觉得这是世间最大遗憾。所以我会继续摸爬滚打，希望有一天能得偿所愿，而不是为了一时安逸，提前离开，过上温水煮青蛙，舒服又焦虑的日子。

所以在那些午夜难眠的日子里，想起朋友生活的安逸、前途的清晰，我也会唉声叹气。只是虽然还想不明白自己到底想要什么，但不想要什么，还是很明确的。

现在的生活，不过是一步步走来时，一次次选择的堆积。虽然这些步伐这些选择，还没有堆积到能支撑美好生活。但抱怨一天再用六天继续，暴躁一个星期再用三个星期期许，低落一个月再用十一个月清醒也无济于事。

哭泣一夜，再用一个白天努力，我们能做的，无非这些而已。

当然，如果发现自己一步步走来，走岔了路，做错了选择，那么悬崖勒马及时回头也是可以的。趁着青春年华，赶紧找个依靠，或者换个路子，找找看有没有曲径通幽。

无论哪种，都要记得，现在的生活，都是当初自己的选择；现在的选择，都会影响未来的生活。

丢失自己的时候，遇见别人的故事的时候，问问自己，那是不是自己想要的。是，就换方向换思维换路线向别人取经，塑造自己的故事；不是，那就不要多想，羡慕嫉妒恨各种情绪轮转过后，自己走。

记得就好，慢慢走，慢慢选，找到什么是自己想要，哪怕现在身在泥沼，也许有一天，在自己选择的路上，会有自己更好的格调。

时间是你的第一成本

我们要敢于行动，

做到善于行动，

要发现事物的规律，

掌握行动的方法，

才能获得成功。

有里程碑的人生，更有干劲

加班时，保洁阿姨问了我一句话：“你这么辛苦加班，钱赚得完吗？”好多年前，父母也用同样的话问过我。在他们看来，上班就是攒工分，多劳多得。在我看来，工作就是喝一杯沸腾的龙舌兰，然后骑在一头红了眼的野牛上，竭尽全力以便不被行业过早甩下来踩成烂泥，仅此而已。

[1]

月入过万不是目的，但在凡夫俗子如我的内心里面也算是一个小小的事业里程碑。到达了，是对自己能力的一种证明，也有一种莫名的安全感。

月入过万意味着什么？意味着在一线城市，能租到一个不算偏远的独立房子；意味着在H&M、ZARA、优衣库里面可以大手大脚一点；意味着化妆品护肤品可以掺杂点贵妇品牌的；意味着存一年的钱就有能力出国游犒劳一下自己；意味着赶时间的话可以打打车。

简单来说，月入过万就是意味着生活体面了许多，出行方便了许多，这个阶段的感觉是，突然拥有了很多自由。

我月入过万的时候，应该是25岁的时候，大学毕业第三年。我有一些从小就非常优秀的同学一毕业，拿到了外企的offer，或者得到了一些外派的机会，或者进入了一些高深的科技领域，基本上是从毕业开始就月入过万了。而像我这种，成绩平平，毕业于普通大学，不对口就业的女大学生，在通向月入过万的路上，还是非常周折的。

只有你的目的不仅仅是月入过万的时候，你才会月入过万。听起来好像有点扯，背后的意思其实是不要总盯着工资来工作，要想长远一点，要想你要从事的事业长远要怎么发展，自己的能力要怎么匹配。自己对自己的要求，要比老板对自己的要求还高。

我的第一份实习是没有钱的，工作了8个月后才开始有实习补贴。但是我在那里学会了社交媒体运营，了解到当时最前沿的推广手段，结交了一群炫酷的同龄人。

后来，我凭着这1年的实习经验，顺利进入唯品会做市场推广的工作，从而接触到电商，对内容运营有了数据化的视角，对内容转化率有了深刻体会。我知道一条微博可以带来多少浏览，最后转化为多少订单。我会琢磨跟什么论坛、社区合作什么样的活动，可以带来更高的转化率。即使没有被要求，即使有充足的奖品预算，我也会不断地更换文案，测试带来的浏览量变化。而当时我每个月的工资也只有3000元。

再后来，我进入报社工作，刚开始我只是被安排一些机械重复、简单耗时的工作，而工资也是不高的。但我会低调地锻炼自己，譬如主动接触当时很火的一些互联网平台，像知乎，像lofter，了解他们的合作模式，想象可能的合作空间。储备着各种idea，想象各种执行方案，在开会的时候，在适当的时候，提出来，供大家选择参考。

这个时候，人们会觉得我很机智，可以突然蹦出很多深刻的想法，实际上，都是积累而来。在这样一次一次地提出建设性意见之后，我也一次又一次地被安排进更重要的项目，慢慢靠近核心业务。于是，不知不觉就月入过万了。

由此至终，我关注的并不是工资，而是工作机会和个人能力。个人能力有了，月入过万是顺理成章的事情。

相反，如果从一开始就关注工资，我不会在没有实习补贴的单位工作，我也可能会拒绝唯品会的offer，我更可能因为报社的低工资而不愿意承担超出原本工作范围的事情。那样我会得到一份工资不错的工作，但月入过万就会变得遥不可及。

[2]

我有一个好朋友，她做了10年的广告销售。在她刚毕业的时候，她父亲非常强势地让她在广州买一套房子，她一个人独立供房。突然的负债，让她失去安全感，同时带给她巨大的压力。工资不多的她，只好努力工作，不敢跳槽，不敢休假旅行，在同一家公司干了10年。

结果带来了一个很好的副作用，因为工作不计劳苦，客户关系稳定，晋升非常快，获得高层信任，核心业务都需要她参与。于是，在她的上司辞职后，30岁出头就成了公司的总经理，也就是二把手的状态。

“专注一个行业一个领域”，听起来好像很简单，但在这个过程中，你会遇上无数挫折和诱惑使得你怀疑自己的行业、职业。这些疑惑通常被表述为——

“我的工作不是我的兴趣”。大部分人会以为那些热爱自己工作的人，是先有一个兴趣，然后找到匹配自己兴趣的工作。而事实上，大部分热爱自己工作的人，是在全身心投入工作后，发现了一些意义，发现了热爱它的方法，最后引起了自己的兴趣。这是一种能力，一种能够苦中作乐的能力。很多说着“感兴趣”的人，他们讲的其实只是一种快感，当他们完成了表面简单的任务，再深造下去的时候，又发现很难很挫折，于是失去了“兴趣”，无法专注。

“我的同行主其他行业，赚得比我多”。这很可能因为你只看见了赚得比你多的从业者。因为他们的故事值得传颂，因为他们认识的人更多，认识他们的人在圈子里更有话语权。而那些赚得比你少的同行，你根本看不见，他们没有故事，他们不在领先的圈子里面，所以你并不知道。这种高估行业薪酬水平的偏差很多人心中都会有，但有的人会去求证，有的人直接就相信，于是心中不平衡，贸然放弃原来的工作。

“我的工作压力太大了，我追求的只是平平淡淡的生活”。好吧，工资上不去，根本就没有平平淡淡的生活的。出门要不要打车，回家过年要给父母多少钱，租房要租哪里才能既方便又舒适，都是要操心的事儿。压力不大的工作，相信我，既不锻炼人又不会有优厚的待遇，既给不了你现在，又给不了你未来。而平平淡淡的生活，是给见过大风大浪的人去享受的。

“我在这里得不到尊重”。有工作能力的人始终会得到尊重的。没有得到尊重，有两个可能：一个是你根本不够有能力，得过且过，跟你合作的人觉得你很差；另一个是，你理解错了“尊重”，根本没有你想要的那种“尊重”。

我的朋友很幸运，她刚开始其实并不理解长期积累的重要性，她没有想太多，只是在生存压力下本能地往前跑。大部分人没有这样的压力，反而萌生了各种各样的疑惑。

无法专注的人，基本上都是书读得太少，事做得太少，想得太多，聊得太多。

[3]

你的见识在很多事情上起到决定性作用。甚至面对同一件事情，你开心还是不开心，都是由你的见识决定的。

举个简单的例子，我系统地学习过营养学，我拥有的见识让我不可能相信，通过主动有意识的节食可以帮助我实现“长期·健康·减肥”这个事情。从而，我不会为减肥药、减肥代餐、减肥疗程买单，我会倾向于通过运动去达到减肥的效果。我不会经历，减肥而又反弹的失望感觉，也不会经历节食后又放纵带来的负罪感，更不会浪费大量的钱在这些弯路上。我会直奔享受运动的快感。

再举个例子，工作几年后，我存了一点钱，就去学化妆。于是，我接触到很多新的信息，新的行业资源，跟我已经有的媒体经验结合，于是做出了我的美妆小事业。如果我当时拿这些存下了的钱去旅行，买一个包包，效果肯定不是现在这样。

很多人在月薪不高的时候，就急着消费更高的衣服，住更好的房子，让自己看起来更体面，以满足自己的欲望。但如果把同样的时间和金钱，投入一次培训课程，一个学习计划，回报会更高。

什么是增长见识？什么是消费享受？就是宁可买一部iPhone6S来体验高新的科技，也不要去买一个奢侈品包包发朋友圈；宁可花时间去读一本书，也不要花时间去参加沙龙聚会聊有的没的；有时间去报一个培训班学点什么，总比天天刷淘宝强；有时间去找些TEDX视频来看，也比天天刷朋友圈强。

尽量渊博，对人生有好处。

“月入过万”是个庸俗的话题，相比起漫漫人生路，它只是一个非常短期的目标，但这是你给自己设置的里程碑。有里程碑的人生，更有干劲，更清楚自己的位置。

只有行动才能让自己的梦想实现

记得上小学时候，经常有老师会这样问，“你的梦想是什么？”让我记忆最深刻的还是一年级刚开始，老师突然问我们：“你们的梦想是什么？”当时我们很小，全部蒙了，梦想是什么，怎么回答啊？突然我们班上调皮的同学站起来：“老师，梦想是什么？是不是做梦想象的东西啊？“

白日梦算不算？我的梦想是天天可以有好多零食，有玩具玩。”我们几乎都是这样认为的，我们都看着老师，等待着老师的回应。老师对于他的回答只是笑了笑，说道：“梦想并不是如此简单，梦想，即是人们在梦里大胆的想象，不一定会实现，但却是一个美好的期望。有梦想才是真正意义上的生活，它便是人生活的动力！梦都是美的，所以美梦成真也成了我们长久以来的信仰。

梦想可以通过一定的方式和途径，通过自己的努力和拼搏成为现实。梦想最大的意义是给予人们一个方向、一个目标。如果只把梦想当作梦，那么这样的人生可以说没有什么亮点。梦想使人伟大，人的伟大就是把梦想作为目标来执着地追求！”我们听了，都积极发言，护士，警察，老板，明星等都从我们的口中脱口而出，老师又说：“同学们，有了梦想就要去实现，做出实际行动，不能每天把梦想当成白日梦啊！”

现在回忆起当时的情景都还有点可笑，当初一个个都信誓旦旦地和老师保证，一定会实现这个梦想。现在还有几个人坚持了当初的梦想，还有几个人还能想到梦想这个词，只怕早已经雨过云烟？

我小的时候，因为出生不久后外公就病逝了，看着家人伤痛欲绝的样子我很想帮帮他们，但我也无能为力。外公去世不久，我就不知什么原因生病了，在医院住了两个月的院，打了不知多少的点滴。我记得当初的我很怕疼，看着针头快要插进皮肤时，就大哭起来。这时一位穿着白大褂的姐姐就走了过来，拿玩具逗我，讲笑话逗我，分散我的注意力，让我顺利打完针。她笑着对我说："小妹妹，加油哦，你如果不坚强一点，不大胆一点，什么时候你才能恢复健康，和其他孩子一样在外面玩耍呢？你想和她们一起玩吗？想你就不要害怕打针，你放心，每次你打针姐姐都陪在你身边，如果，你不坚强，不勇敢一点我就不会来陪你了哦！"我觉得姐姐就像天使一样，在医院陪了我将近两个月，我出院还送了礼物给我，让我对她印象很深。

出院以后，我的梦想就是当一名像姐姐一样的白衣天使，救死扶伤。到了初三，选择高中的时候我虽然考上了十三中，但我不想去读，我想完成我的梦想去卫校读书，完成我的梦想。当时因为医院的医疗事故屡屡发生，我的家人强烈反对我的选择，她们说："只要不去卫校，你选择任何一所学校，我们都答应。"

我的梦想就因为这个原因被扼杀了。后来因为长沙财经学校的老师来我初中学校招生，我就选择了财经，在这里我选择了会计专业，一个我完全陌生，从未接触过的专业。既然选择了就要好好读啊，当不了白衣天使救不了那么多人，但我可以当一个会计师，为企业，社会，群众服务也不错啊！进入财经行业我的梦想是考上会计证，找一个好的工作。我信心满满地参加高一的会计证考试培训，我上课也认真，还认真做了笔记，却没有考上会计证，这让我感到很委屈，为什么别人睡觉都能考上？

而我那么努力，却要差4分，我打算放弃，那段日子我一直沉浸在失落的情绪里，无所作为，整天无所事事。开始上课睡觉了，不认真上课了，后来老师发现了，找我谈了话给了我一些鼓励。朋友们也在我的QQ上留言要我坚强一点，不要放弃，再考一次一定会考上的。有了她们的鼓励，我的自信心又重新燃烧起来了，我毅然决定从对口班转到就业班。当我做出这个决定时，老师，家人，朋友和同学都很惊讶，但最后还是尊重了我的决定。我一心一意投入到新班级，考会计证的新学习氛围中。上课认真听讲，做好笔记，课后认真复习，每次考试认真对待，当我认真投入时，老天给了我考验。

在我快考试的前两周里，我不幸感冒了，我感冒从不吃药，一两天就会好，但这次一个星期了，越来越严重，让我上课想睡觉，完全听不进课了。我睡觉梦到了我拿到会计证的情景，当时我兴奋得跳起来了。发现只是做梦，就很失落，心想：我要加油，考到会计证，把这个梦变为现实，不能就被这么一个小小的感冒击倒而放弃了我前段时间付出的努力啊。不能再辜负大家对我的期望了。因为坚持了下来，最后我拿到了会计证，在我考会计证时，当时的情景和我梦中的一样，我实现了一个小小的梦想。

以后的学习中我要努力把技能练好，上好每一堂课，认真做好笔记，任何事都尽力做到比想象中的好。没有最好只有更好，应聘到一个自己喜欢的企业实习。

因为有梦，所以行动，只有行动才能让自己的梦想实现，不然这个梦想可能只是你众多白日梦中的一个，不被重视，不会让你实现永远留在梦里实现，现实却恰恰相反。“行动是老子，知识是儿子，创造是孙子——陶行知”不同的人有不同的选择，但是，无论做出什么样的选择都需要为此付出行动，付出实际的行动，如果光说不做，只是停留在想象中，只是说大话，而不付出实际行动，任何目的和理想都不可能转化为现实，所以我们要敢于行动，做到善于行动，要发现事物的规律，掌握行动的方法，才能使行动获得成功。

但行好事，莫问前程

[1]

前两天，频道来了个实习生。

那是我第一次看一个姑娘，不用美不美来评价，完全忘记了姑娘长得好不好，只看到姑娘白净的脸上，渗出的胶原蛋白。在如此干燥，大地都要干枯了的北京，她的脸蛋上依然能掐出水来。

一起吃饭的时候，我一直在想，原来自己离刚毕业，去实习的时间，已经那么遥远了，离上大学的那一年，居然已经快要过去整整十年。

姑娘是1995年的，今年上大三。和我聊着毕业了想去美国继续读研，未来想做媒体，也想做公共事务方向的工作。我听着这些理想和未来，觉得生机勃勃，年轻真好。

然后姑娘说出了一个担忧，让我差点把勺子掉在了地上。

“但是，我特别焦虑结婚。”

我以为自己听错了，并且迅速再算了一下，1995年的，今年20岁整没错啊。

[2]

一个20岁的姑娘，本科还没有毕业，说自己特别焦虑结婚。我听完觉得整个人都不好了，原来那些《非诚勿扰》上的女生都是真的。

回国以后，偶然看了几期《非诚勿扰》，看着90后，才二十出头的姑娘们谈论着对于婚姻生活的憧憬，实在觉得令人费解。才二十出头的姑娘，急于想要嫁作人妇，从此洗手作羹汤，我觉得这一定是假的。

但是这个年轻向上，生机勃勃，满脑子理想抱负的实习生，真的坐在我面前，说自己特别焦虑结婚。我开始想，这中间到底出了什么问题。

二十出头的年龄，难道焦虑的不应该是谈恋爱吗，不应该是那些大学时代的小情小爱吗？那些食堂里，篮球场上，自习室里的故事，那些他到底喜不喜欢我的忧愁和烦恼。

但是她们，现在焦虑的，是严肃的婚姻。

[3]

我们总是在错误的时间节点上，琢磨着不该在这个时刻琢磨的问题。

就像我们童年的时候，没有放过风筝，没有踢过皮球，成天做着奥数题，然后想要在成年以后去弥补这一课，那笑容一定和小时候不一样。

二十出头该谈恋爱的年龄，还那么年轻的姑娘，不在大学好好谈恋爱，不好好享受那些两个人之间，除了你爱我我爱你，就别无他物的时光，反而琢磨着那些你有一套房，我也有一套房，所以咱俩很合适，可以结婚的无聊话题。

那些年轻的时光是转瞬即逝的，我们不在这些时光里，享受爱情，承受伤痛，学习如何爱自己，爱别人，这些时光里应该上的课没上，我们以后再要到婚姻里去补习，那么代价是不是很大。

[4]

这几个月，好像周围所有人都在谈创业。

无论是工作很多年的白领，还是没毕业的大学生。好像中国一瞬间，没有人愿意继续上班了，大家都被“财务自由”这个巨大的彩色泡泡给唬住了。觉得自己再上多少年班，只是离这个巨大的彩色泡泡越来越远。

我遇到过一个大四已经做过三个创业项目的男生，我钦佩他的勇气和才华，但是我不得不说，大家好像被一种出名要趁早，成功要趁早，幻想着在年轻时候变成扎克伯格的美国式英雄梦想给附体了。

然后，就忘记了，其实所有人的成功都不是一蹴而就的。

我们才这么年轻，甚至还没有毕业，甚至都没有工作过。没有看过老板脸色，没有求过别人，不知道职场艰辛，不知道走出社会以后，世界并不是按照我们想象的样子画出来的，很多时候我们必须要做出很多妥协。

在没有体会这一切，甚至还没有开始努力的时候，就嚷嚷着不想给别人打工，要实现财务自由，我觉得这些是可笑的。

在这个最年轻的时间节点，我们本应该像一块海绵一样，吸收来自这个世界五湖四海的水，而不是思考远在于这个时间之后需要考虑的财务自由。

[5]

我们看了太多成功人士的结果。

而我们，在错误的时间，却急于想要很多年，甚至是几十年以后的结果。

这是我们的问题。

年轻最大的好处在于，还好，一切还来得及。

我们在这个最美好的时间节点，应该享受属于青春的一切，那些美好的爱情，那些努力学习、拼搏奋斗、不计较得失的心态。

为什么小朋友比大人更容易学会弹钢琴，几年下来就可以考多少多少级。

其实，并不是因为家长逼迫，而是在尚且那么小的年纪里，她们只知道要练琴，要按照老师的方法去练，并没有想过这样练到底有没有用。

我们患得患失，思考太多结果，反而浪费了大量的时间。

大三的女生焦虑如何才能结婚，那么注定无法享受美好的爱情，而好高骛远的创业者，如果不脚踏实地，也注定无法在短时间内实现财务自由。

不要在错误的时间里，琢磨不属于这个时间点应该收获的成果。

想起了一句几乎不发朋友圈的前辈的签名。

但行好事，莫问前程。

和大家共勉。

你对时间管理的能力决定了你成功的结果

很小的时候，我就跟着妈妈在厨房学习做饭，这个经历带给我什么好处呢？第一，肯定是学会了做饭，离开家独自生活的日子能为自己做出一日三餐，照顾好自己的身体。第二是什么呢？就是学会了做事有条理性。私以为，做事有条理这一点是一个人人生中至关重要的技能。比如，我要烧西红柿蛋汤。如何能够做得又好又快呢？点火之后，在锅里倒上油，等油热的过程中，把西红柿洗干净，切成片，然后倒入热锅中翻炒，倒入清水，在等水开的过程中，打鸡蛋液，洗切香葱……充分利用了等待的时间，从而提高了效率。

前段时间看马未都的脱口秀《嘟嘟》，里面也提到了做事情的条理性，让我对此有了更深的理解。他提到联合国教科文组织对年轻人成才的标准有四条：学会做人、学会做事、学会相处、学会学习。在讲学会做事这一条时，马未都说做事的成败在于是否有条理性。他提了一个问题：烧水需要4分钟，清洁茶具需要3分钟，沏茶需要2分钟，备茶等准备工作1分钟，加起来10分钟，你需要多长时间能把这个事情做完呢？会做这个事情的人只需要6分钟，不知条理的人做这个事情则需要10分钟。他还讲了自己参加央视的一个大型颁奖晚会遇到的事情，颁奖开始时，才发现工作人员将10个奖杯落在了办公室，引起现场颁奖人员的尴尬和台下观众的骚动。这也是做事情缺乏条理的表现。

在职场中，我注意到那些做事有条理的人总是能把事情完成得很好，同时又做得省力轻松，这样的人职场发展会比较顺利，而那些做事情缺乏条理的人，常常忙得焦头烂额，很多事情却做得一团糟，职场发展常遭遇一些本不必要的挫折。比如预定会议室这样的小事。公司的经理A跟行政人员B说下周三下午2点到5点要用会议室，要与国外来的客户谈合作。行政人员要怎么做呢？做事情有条理的人会先确定下周三会议室是否是空的，如果是空的，就确定下来，如果不是空的，就要去协调，是让A更改会议时间，还是让原本要用会议室的C更改下时间，双方做出一个调整。然后还会准备会议需要的一些电子设备，事先进行测试，以及准备水果饮料等。而做事缺乏条理的人，往往会犯马上要开会才知道会议室无法用的错误，或者临时发现会议室的投影仪不能用，然后手忙脚乱地采取补救措施，弥补自己因做事情缺乏条理而导致的一系列的溃败，由此浪费诸多的时间和精力。

时间管理做得好的人，一定是做事情有条理的人。做事情容易成功的人，也一定是做事情有条理的人。他们会先把事情分出轻重缓急，先做重要和紧急的事情，再做不那么重要和紧急的事情，懂得按照事情的计划和顺序来做，懂得合并同类项，懂得排列组合，懂得统筹管理，于是事情做得有条不紊，节约了时间，也提高了效率。而那些做事缺乏条理的人，往往不分事情大小，紧急程度，胡乱去干，也不懂得思考如何把事情安排得更合理一些，这样的人看似一天到晚很忙，其实忙得没有效率，忙不到点子上，结果什么事也没干好。

我是个自由撰稿人，在家工作，除了写作，还在做心理咨询、写书评和广告营销的事务，因此事情很多很杂，而且需要自己给自己安排工作。我做事情的方式一般是这样的：开始一天的工作之前，我会简单地列一个清单，今天自己要完成几件事情，最重要的事情排前面，在旁边打上一个五角星，另外一些事情不是今天非完成不可的就列在单子的底部，灵活处理。如果今天要打几个电话，或者处理一些邮件，我会把要打的电话或者要处理的邮件集中在一个时段处理，不会文章写到一半，或者咨询笔记记到一半，去处理下邮件，或者打个电话。

一个人做事的节奏和连贯性是很重要的，很多人做事效率低，心浮气躁，就是因为他不断地被打扰，在多个任务之间来回切换，每一次的切换都需要我们的大脑去花时间去重新适应，于是浪费了很多时间。写代码的程序员一定对此深有体会，写了半个小时的程序，接到一个电话讲20分钟，然后再写，又被打断，那样的工作效率是不会高的。

1927年德国心理学家蔡戈尼克做过这样一个实验：她交给一些人22种不同的任务，有一半任务要求他们坚持完成，完成后才结束，另一半任务要求他们中途打断，不要求完成。允许完成和不允许完成的任务的出现是随机排列的。做完实验后，让他们立即回忆刚才做了些什么任务。结果未完成的任务平均被回忆起68%，完成的任务平均被回忆起43%。这种对未完成任务的记忆比完成任务的记忆保持得更好的现象就称作“蔡戈尼克效应”。

“蔡戈尼克效应”在我们生活中有一个很典型的表现，即服务员点菜上。如果我们的菜点完了，忘了上道菜，叫来服务员，他往往不记得我们点过的菜。但如果我们的菜还没点完，他就记得具体点了什么菜。

有的人做事情缺乏条理是一会做这个，一会做那个，做了很多事情，但是每件事情都以未完成的状态存在，这样其实是非常消耗一个人的心理能量和资源的。因为他的大脑中被很多未完成的事情占据着，而且混乱无序，他的内心也跟着焦虑不安，从而导致效率低下。

一次只做一件事情，一件事情做完了再做另一件事情，这是我们的大脑和心理最适应的节奏。

身边一些朋友看到我有时一天做很多事情，却不是很忙碌和劳累的样子，正是因为我做事情有条理，懂得合理安排，每次做一件事情，循序渐进，做到忙而不乱，忙而有序。

做事情有条理的人其实是给自己培养出一种秩序感。大家都见过公路上很多汽车行驶的状态吧。如果大家都遵守交通规则，交通就富有秩序感，秩序感会给驾驶员和乘客带来安全感，然后道路交通就非常顺畅安全，效率高。

一个人做事情也是如此，做事有条理，就会有秩序，有秩序，就会有内心的安全感和稳定感，于是自然就能得到一个做事效率高，时间管理好的成功结果。

尊重内心，擅做取舍

[1]

朋友涵涵突然来借钱，要得不多，但听上去很急迫，说月底就能还，我赶紧给她微信转了账。晚上的时候，她说，谢谢你啊，小轨，但是这笔钱月底暂时还不上了，因为我是帮叶子借的，她正在筹钱装修房子等着结婚用呢。

我一惊，问她，哪个叶子？她跟我有什么关系吗？

她说，你没见过，但是我跟你提过，就是那个半夜跟她老公吵架跑到我家睡的那个女孩，我俩关系还不错。这个叶子，我确实听涵涵讲过几次。叶子建了个玩乐微信群，经常叫着群里一帮男男女女轮流请客，一起吃饭，一起爬山，一起唱歌，涵涵每次都参加。她会去参加群里每个人的婚礼并随上份子钱，会随时同意别人需要她凑数的饭局，不用提前约，随叫随到。

涵涵工作五年，几乎没存下什么钱，没男朋友，没房没车，在我们圈子里是出了名的老好人，大家都说她很好相处，因为她极少拒绝别人，不管熟不熟。

涵涵的腿有点外八字，特害怕别人笑话她走路滑稽，但就是有有喜欢拿这个开她玩笑，尤其是关系稍显亲密的人，说她走路像一只上了煎锅的鸭子。别人指着她痛处哈哈大笑时，她也只是尴尬一笑。

我问她，不喜欢别人开的玩笑干吗不直接告诉对方？她说，我怕别人说我开不起玩笑，说我不合群。

嗯，很多人都会这样，胸口即便雷霆万钧，唇齿间却依然云淡风轻。为了一个别人口中的合群，明明想拒绝却不敢说出口，宁可以牺牲自我为代价，也要对他人友善。

那么，你见群就合就算是合群了吗？

有多少人，明明讨厌社交却不敢不去；有多少人，明明不想瞎聊却硬是张开嘴强颜欢笑；又有多少人，幻想试图通过帮助别人来维持泛泛之交？

那些明知你不乐意，还要拿着“合群”胁迫你、为难你的人，也压根不是什么好人。

[2]

在报社做记者的时候，认识一个加拿大朋友达西，他聘请我给他做了一个项目的翻译。

项目结束后，达西在一个会所请项目组所有人欢聚庆功。十三个老外，来自世界各地，就我一个中国人。那天刚好报社排表上分给了我两个版，而我手头上还有四篇稿子需要当天写完等着上版。所以去参加庆功Party的时候，我牵肠挂肚地对自己说，嗯，就玩1个小时，然后就回来干活。

一个小时过去了，大家都玩得兴致正浓。有人要玩射箭，让我帮忙跟工作人员沟通一下；有人想点首歌让台上那个身材火辣的歌手唱，要我帮忙问问需要多少钱……

因为第一次合作，我希望给达西他们留下好印象，以便以后有这种钱多事儿少的活儿，还能愿意再次找我。两个小时过去了，他们完全没有散的意思，而我，也不好意思先行告退，但是因为一堆稿子还在等着我，所以每过去一个小时，我就焦虑地看一下时间……

四个小时之后，我开始心不在焉，焦虑爆棚，如果晚上十点前交不了版，我必挂无疑。于是，我决定酝酿理由，酝酿各种抱歉的情绪好让自己能妥善退场。这个时候达西注意到我的不对头了。

他问，是不是有事需要提前走？

我脸一红，支支吾吾地说出各种理由和原因来表达自己不得不提前退场的惭愧与抱歉，没等我说完，他马上打断我，一脸诧异地问我："你要是有事需要提前离开，为什么不直接说呢？你随时可以走啊，这里没有任何人需要你迁就我们才能开心的，而且，也没有人有权利干涉你的自由啊。"

之后，达西在中国的一年，我们一直保持着稳定的合作关系。

同道中人，和而不群；非你所愿，群而不合。

[3]

"合群"并不能成为一种可靠的价值判断，当你和一个群体交往感觉到累的时候，说明你们可能并不是同一类人。不是所有的群，你都要迎合，胁迫性融入群体很难给你带来任何舒适与价值。

更甚的是，当你削足适履地绑架自己强行融入一个自己压根不喜欢的群体，这往往意味着一种堕落的开始。

《在细雨中呼喊》一书中，余华写过这样一段话：

我不再装模作样地拥有很多朋友，而是回到了孤单之中，以真正的我开始了独自的生活。有时我也会因为寂寞而难以忍受空虚的折磨，但我宁愿以这样的方式来维护自己的自尊，也不愿以耻辱为代价去换取那种表面的朋友。

有很多人，只是因为害怕别人说他孤僻才去社交，才去牺牲自己的独立精神与真实意愿让自己出现在声色犬马的群体狂欢中，但真正有所成就的人，都在用“不合群”的时间去重塑真正的自我。

合群确实能给很多人带来安全感，孤僻、不爱说话、跟大家玩不到一块去，在现实生活中确实是一件很危险的事。

但是，有些平庸的群体就是怕你出逃，他们就是要同化你，就是要想尽一切办法把你拉低到平庸的层次里，这样，他们才有群体平庸的安全感。

你害怕不融入群体会被大家鄙视，但是，用“合群”胁迫你融入群体的人，更怕被你鄙视。无敌向来寂寞。妥协来的泛泛之交，很难让你受益颇多。合群确实会给人带来资源机会，这就是为什么有人明明心不甘情不愿，但是还是要打起精神来觥筹交错不断喝吐的原因。

但是，有独立精神的人，多数不稀罕那些所谓的人脉资源。泛泛之交，多是表面资源。唯有择良木而栖，择良友而交，让自身强大，沉淀真本事，才能跟别人平等对话，才能不卑不亢地谈合作共赢，而不是跪求帮忙。

朋友过生日，来吧；谁谁谁结婚，去吧；晚上来喝酒啊，好的。很多人跟我们并不熟，但因为一句“都是朋友嘛”，就挽着面子颠颠地去了。

为了“合群”，我们究竟浪费了多少时间？

我们以牺牲自我意愿为代价的“合群”，又能给我们带来多少我们期待的友谊与资源？有时候，不是别人绑架了你的意愿，而是你用不切实际的期待绑架了自己。

合群很重要，但是要合一个什么样的群，更重要。没有人逼着你去做一个小可爱，合群的目的是为了交流学习，彼此提升，或者只是为了纯粹而真实的情谊。

如果这两样你都不为，只是花费大把的时间让别人都说你“人很好”，那么，你就不得不接受一个事实：这样的群，合而无用，只是在帮你消磨余生。

唯有尊重内心，擅做取舍，才能脚踏实地拥有一个清净快乐的自我。

合群不是规则，你终究还是要对自己负责。

有时你需要点拖延症

[1]

一部新电影上映了，你去不去看？

先别去，拖着。通常，拖几天，就会有无数人告诉你：千万别去，不值得浪费那两个小时和几十块钱。

当然，也有的时候，拖了几天，有无数人告诉你，这电影你得去看看，还是不错的。

拖延症是成功人生的必需品

这时候应该怎么办？应该继续拖。拖几个月，再问他们，还觉得值得看吗？或者干脆拖几年，再回头看，还觉得那电影不看不行吗？

到那时候就根本不用问他们了。问问自己就够了：几年都过去了，我没看那电影，觉得有什么损失吗？有什么遗憾吗？真遗憾也没事儿，再找来看也没那么难。但基本上，没几部电影配得上这样的待遇。你试试就知道了。

同样的道理：听说一件热门新闻，你发表不发表观点？

先别发，拖着。拖几天，也许事实就翻转了，当事人就改口了，现场视频就冒出来了，你也改变主意了。更重要的是，你也许会发现这事儿根本不值得探讨，说不说也没什么分别。

[2]

拖延症不是一种病态，而是一种非常智慧的生存策略。普通人在生活中遇到的大部分问题，只要拖一拖，都会自行化解。如果没有，那是你拖得还不够久。

很多人认为拖延症耽误事，其实真的不是那样。

一般只有两种事儿你会拖着：你不喜欢做的和你觉得拖拖也没问题的。喜欢的事儿你不会拖着，不能拖的事儿你也不会拖着。所以说，拖延症其实是一种辨别、筛选机制，这是一种本能。

因为你本能地觉得人生应该用在自己喜欢的事儿上，应该用在更紧急更重要的事儿上。生命只有一次，那些无关紧要的、使人不愉快的烂事，让我们拖着，拖没了就好。拖不没，也至少把我们跟它们相处的时间压缩到最小。

拖延是拖延者的通行证，着急是着急者的墓志铭。会拖延走遍天下，爱着急寸步难行。

为什么？因为越爱着急，越一步一个坎儿。很多坎儿是急出来的。“自扰”是庸人最显著的特征之一。

不拖延是把问题留给自己，拖延是把问题留给时间。时间很厉害，至少比你英明、强大多了。都说“时间能治愈一切伤痛”，“时间能解决一切问题”。那怎么让时间解决？还不就是拖着。

[3]

我猜，“拖延”这事儿是写在我们的基因里的，不拖延的那些人可能早就死了。

举个例子：

几百万年前的一个深更半夜，俩原始人躲在山洞里，听见外头有东西嗷嗷叫。没听过，不知道是什么。急脾气的那个说："啥玩意儿啊？我出去瞅瞅。"拖延症那个说："瞅啥啊？再等等。"急脾气的不听劝，出山洞去瞅，不巧，是大老虎……享年一十五岁。

咱们是谁？咱们都是拖延症那人的后代。他的拖延症挽救了自己，保全了咱们。那是咱们老祖先，咱得铭记他，感谢他。

[4]

怎样获得成功的人生？从拖延症开始。拖延症是成功人生的必需品。

谁笑到最后，谁笑得最美。怎么才能笑到最后呢？答案就是最后再开始笑。真的，根据我的经验，最后再开始笑，笑到最后的概率会大很多。

这个世界上，没有比拖延更有效率的事儿了。

事情分四种：

1. 重大而不紧急；

2. 紧急而不重大；

3. 不重大也不紧急；

4. 又紧急又重大。

前三种都该拖着，不拖到最后关头绝不出手，唯如此才能用最少的精力、最短的时间把它们解决——这就是为什么说拖延反倒最有效率。

又紧急又重大的？放心，你想拖延也拖延不了，因为到那时候你的拖延症就临时痊愈了。没见过一个屋子着火还慢慢悠悠找袜子的，让你拖你都不拖。

唯一要注意的是有时候事情又紧急又重大，但你不知道。但那就跟拖延不拖延没关系了，就是急脾气碰到这种情况，也一样得吃亏。

[5]

我觉得拖延症应该有个“症歌”，可以照着《夕阳红》的旋律唱：

“最美不过拖延症，温馨，又从容。拖延出晚开的花啊，拖延出陈年的酒。”

你想啊，晚开的花、陈年的酒。不拖延，怎么晚开？怎么陈年？

自我管理决定了你的未来

我们生活的这个时代充满着前所未有的机会：如果你有雄心，又不乏智慧，那么不管你从何处起步，你都可以沿着自己所选择的道路登上事业的顶峰。但前提是，你必须成为自己的首席执行官，知道何时改变发展道路，并在可能长达50年的职业生涯中不断努力、干出实绩。

要做好这些事情，首先要对自己有深刻的认识，清楚自己的优点和缺点，知道自己是怎样学习新知识和与别人共事的，并且还明白自己的价值观是什么、自己能在哪些方面做出最大贡献。因为只有当所有工作都从自己的长处着眼，你才能真正做到卓尔不群。

[我的长处是什么]

比起知道自己不擅长什么，多数人都不知道自己擅长什么。以前的人没有什么必要去了解自己的长处，因为一个人的出身就决定了他一生的地位和职业。但是，现在人们有了选择。我们需要知己所长，才能知己所属。

要发现自己的长处，唯一途径就是回馈分析法。每当作出重要决定或采取重要行动时，都可以事先记录下自己对结果的预期。9到12个月后，再将实际结果与自己的预期比较。持之以恒地运用这个简单的方法，就能在较短的时间内（可能两三年），发现自己的长处。同时也能发现，哪些事情让你的长处无法发挥出来，哪些方面自己则完全不擅长。

根据回馈分析的启示，你需要在几方面采取行动。

首先，专注于你的长处。把自己放到那些能发挥长处的地方。

其次，加强你的长处。改善自己的技能或学习新技能。

第三，发现任何由于恃才傲物而造成的偏见和无知，并且加以克服。

第四，纠正你的不良习惯。

[我的工作方式是什么]

令人惊讶的是，很少有人知道自己平时是怎样把事情给做成的。同一个人的长处一样，一个人的工作方式也是独一无二的。

首先要搞清楚的是，你是读者型（习惯阅读信息）还是听者型（习惯听取信息）的人。绝大多数人都没意识到这种分别，对自己的人生造成了很大的危害。

德怀特·艾森豪威尔担任欧洲盟军最高统帅时，一直是新闻媒体的宠儿。不管记者提出什么问题，他都能对答如流。十年后，他当上了总统，但当年对他十分崇拜的同一批记者却公开瞧不起他。他们抱怨说，他从不正面回答问题，而是喋喋不休地胡侃着其他事情。

艾森豪威尔显然不知道自己属于读者型，而不是听者型。当他担任欧洲盟军最高统帅时，他的助手会确保媒体提出的每一个问题都在记者招待会开始前半小时以书面形式提交。这样，他就完全掌握了记者提出的问题。而当他就任总统时，他甚至连记者们在问些什么都没听清过。

几年后，林登·约翰逊把自己的总统职位也给搞砸了，这在很大程度上是因为他不知道自己是听者型的人。他的前任约翰·肯尼迪是个读者型的人，搜罗了一些出色的笔杆子当其助手。约翰逊上任后留下了这些人，可是他根本看不懂这些笔杆子写的东西。

没有几个听者型的人可以通过努力变成合格的读者型——不管是主动还是被动的努力，反之亦然。因此，试图从听者型转为读者型的人会遭受林登·约翰逊的命运，而试图从读者型转为听者型的人会遭受德怀特·艾森豪威尔的命运。他们都不可能发挥才干或取得成就。

[我如何学习]

所有的学校都遵循这样的办学思路：只有一种正确的学习方式，而且人人都得遵从。但是，对学习方式跟别人不大一样的学生来说，被迫按学校教的方式来学习就是地狱。实际上，学习大概有六七种不同的方式。

有人靠写来学习，有人在实干中学习，还有些人以详尽的笔记来学习。例如，贝多芬留下了许多随笔小抄，然而他作曲时从来不看。当被问及他为什么还要用笔记下来时，他回答道："如果我不马上写下来的话，我很快就会忘得一干二净。如果我把它们写到小本子上，我就永远不会忘记了，也用不着再看一眼。"

在所有最重要的自我认识当中，最容易做到的就是知道自己是怎样学习的。当被问到："你怎么学习？"大多数人都知道答案。但是当问到："你根据这个认识来调整自己的行为吗？"没有几个人回答"是"。

我们必须明确对自己的认知：我是在压力下表现出色，还是适应一种按部就班、可预测的工作环境？我是更适合当决策者，还是作为顾问？

一些人作为团队成员工作最出色。另一些人单独工作最出色。一些人当教练和导师特别有天赋，另一些人却没能力做导师。明确自我，才能更好地与人合作，同时在学习中明确方向。

不管怎么样，不要试图改变自我，因为这样不大可能成功。但是，应该努力改进自己的学习方式和工作方式。

[我的价值观是什么]

要进行自我管理，最后不得不问的问题是：我的价值观是什么？

我们所遵从的伦理道德要求我们问自己：我每天早晨在镜子里想看到一个什么样的人？在一个组织或一种情形下合乎道德的行为，在另一个组织或另一种情形下是否也是合乎道德的？如果一个组织的价值体系不为自己所接受或者与自己的价值观不相容，人们就会倍感沮丧，工作效率低下。

一个人的工作方式和他的长处很少发生冲突。但是，一个人的价值观有时会与他的长处发生冲突。一个人做得好甚至可以说是相当好、相当成功，可能与其价值体系不吻合。在这种情况下，这个人所做的工作似乎并不值得贡献毕生的精力，甚至没必要贡献太多的精力。

[我属于何处]

少数人很早就知道他们属于何处。但对于大多数人来说，至少要过了二十五六岁才知道这点。只有知道自己的长处、工作方式、价值观是什么，才能够决定自己该向何处投入精力，或者能够决定自己不属于何处。

已经知道自己在大公司里干不好的人，应该学会拒绝在一个大公司中任职。已经知道自己不适合担任决策者的人，应该学会拒绝做决策工作。

知道上述这些问题的答案，也使得一个人能够坦然接受一个机会、一个邀请或一项任务。“是的，我将做这件事。但是，我将按照我自己的特点，采取这样的方式来做这件事，进行这样的组织安排，这样来处理当中所牵涉的关系。这是我在这个时间范围内应该会取得的成果，因为这就是我。”

成功的事业不是预先规划的，而是在人们知道了自己的长处、工作方式和价值观后，把握机遇水到渠成的。知道自己属于何处，可使一个勤奋、有能力但原本表现平平的普通人，变成出类拔萃的工作者。

[对人际关系负责]

除了少数伟大的艺术家、科学家和运动员，很少有人是靠自己单枪匹马而取得成果的。不管是组织成员还是个体职业者，大多数人都要与别人进行合作，并且是有效的合作。

首先是要接受别人是和你一样的个体这个事实。他们会执意展现自己作为人的个性。因此，要想卓有成效，你就必须知道共事者的特征。这个道理听起来让人很容易明白，但是没有几个人真正会去注意。

一个习惯于写报告的人就是个典型的例子，因为他的老板是一个读者型的人，即使下一个老板是个听者型，他也会继续写着那些报告。这位老板因此认为这个员工愚蠢、无能、懒惰。但如果这个员工事先研究过新老板的情况，并分析过这位老板的工作方式，这种情况本来可以避免。

这就是“管理”上司的秘诀。每个人都有权按照自己的方式来工作。提高效率的第一个秘诀是了解跟你合作的人，以利用他们的长处、工作方式和价值观。

人际关系责任的第二部分内容是沟通责任。大部分冲突都是因为我们不知道别人在做什么，他们又是采取怎样的工作方式，专注于做出什么样的贡献以及期望得到怎样的结果。而不了解的原因是：我们没有去问。

人与人之间相互信任，不一定要彼此喜欢对方，但一定要彼此了解。

自我管理中面临的挑战看上去比较明显，其答案也不言自明。但是，自我管理需要个人做出以前从未做过的事情。历史上每一个社会，甚至是个人主义倾向最强的社会，都认为两件事情理所当然：第一，组织比员工更长寿；第二，大多数人从不挪地方。

如今，情况恰恰相反。工作者的寿命超过了组织寿命，而且他们来去自如。于是，人们对自我管理的需要在人类事务中掀起了一场革命。

别把时间浪费在刷朋友圈了

一个月前，下了一点大决心开始清理朋友圈，那些三分熟，无聊矫情惹人厌的都被我狠心一划，就这么赶进了小黑屋。

我自身是个很不social的人，特别是在互联网上，叫我自己天翻地覆地夜夜浪费着自己的分分秒秒，风生水起地结交着八方不痛不痒不打照面的“好友”，这我是做不到的。

但正因为一种内向羞涩，所以更害怕在这日日笙歌的大数据时代里被人遗忘与弃落，自己不是发射塔，就努力做着跟屁虫，用那机械的点赞、客套的评论小心维系着与外界的联系。

即便三分之二的人躺在我的微信好友列表里都快生灰，我还是希望他们若是偶尔扫到我名字时，浮现的应是那个喜爱点赞，不吝啬赞美的友好之人。

突然有一天我发现居然大半时间都被这所谓的朋友圈占据，我在这刷刷点赞的机械动作中混沌度日。看尽了360度无死角的晒恩爱，微商们大清早就开始吼的灼伤版正能量，妈妈们拍的萌娃其实一点也不可爱，一排的求点赞送柠檬杯破门票，深夜还要去给某朋友家大姑领导的小孩投票，那么多的“不转不是中国人”“私密视频”“惊天秘密”丑如巷子里的牛皮癣小广告……

然而热闹只是他们的，我什么也没有，就算我熟稔了“冷场哥”所有苍白无力的段子，一路跟随“作小姐”又一段恋爱，我清清楚楚连“梦想妹”自己都记不住的无穷计划，几拨“最美妈妈”“最萌宝宝”的投票我都有帮忙。

就这样，我成了微信里最称职的“朋友”，专业的点赞党，无需用脑就可以熟练发送各类评论，可是我自己呢？我的生活没有因此美好半分，快乐没有，倒是费时不停。关了这app，一切照旧，真见了面，谁也不会因为我日夜地点赞多给我一个笑脸。

总在天天嚷嚷“断舍离”，可你知道吗，最该“断舍离”的就是我们这漫天无际的朋友圈。于是我毫不心软地把黑五类们送进了小黑屋，再见，低端爱秀党、无脑转发党。再见，励志成为下一个马云的微商们、自动带有催吐功能的鸡汤们、求赞求转发求投票的伸手们。我们再见，别伤心，若是无聊，我还是会提着猎奇牌小篮子去小黑屋里探望你们的。

屏蔽朋友圈已经近一个月了，世界真是清静到舒服，只留下真心与我好，分外关心他们近况和真正有点意思，刷他朋友圈能不枉此行的两种人。曾经在上面消耗过的被动又软烂的时间，又有了更充实的去处。

说实话，就算是一个你挚爱无比，按你兴趣来的订阅号，也总会推点不照顾你喜好的东西，更何况是一个每次都让你觉得无聊之极的大活人，你难道还指望他哪天突然开窍推陈出新，朋友圈里的黑五类就如同渣男，该进小黑屋的就早点和他告别，在他们身上耗费大好时光着实可惜。

所谓大数据时代，譬如林子大了什么鸟儿都有，优质劣质信息一块儿来，全凭你自己去练就一眼的金睛、一心的果敢与一手的自律，别在这浩淼一刷间被别人牵着鼻子动，要自己去选择最爱与有趣。

朋友圈如是，微博如是，所有的互联网社交都如是，当他们把重重的话题叠成几番交错的维度，一圈套一圈地复杂炒作点击着，你自己要有眼光从中破出几方明朗的直线，不被机械，不跟坏风，不学丑样。

这么说来，是否是时候回到那几卷残书里。互联网给了每个人自以为可成为百科全书的优渥感，然而越便捷得来的信息也越显得廉价，碎片化信息哗哗而来，粗粝如淘宝热卖的雪纺衣。

这几天脑子里最多浮现的还是张岱那段《湖心亭看雪》时的话，他说：“大雪三日，湖中人鸟声俱绝。是日更定矣，余拏一小舟，拥毳衣炉火，独往湖心亭看雪。雾凇沆砀，天与云与山与水，上下一白。湖上影子，唯长堤一痕、湖心亭一点、余舟一芥、舟中人两三粒而已。”不由地觉得如果人生可以活出如此高级的孤独感，那就算是因为我不再点赞，从此沉寂，被世界彻底遗忘，那又与我何干。

不多说了，说多了也成了浪费大家时间的罪魁祸首。

记得关几个人去小黑屋，腾点时间看点书。

虽然每一步都走得很慢，但是我不曾退缩过

从来不觉得人的成长是为了证明之前的不切实际和幼稚，梦想是用来实现的，但是太容易实现的，那不叫梦想。

以前在墨尔本的一个室友，突然打电话给我，在我这里马上要凌晨3点的时候。他让我猜他现在在哪里，我说，你不是在墨尔本吗，你还能去哪儿。他很神秘地说，不是哦，我现在在西班牙。然后我一下子就愣住了。因为很久之前，我在一个“人人”相册里看到有关西班牙的照片，那时候跟他说，西班牙那么漂亮，我将来一定要去一次。我没有想到的是，在我就要把自己曾经一闪而过的想法忘记的时候，他的电话就这么来了。到最后，站在我最想去的地方的人，却不是我。

挂了电话之后，不知道为什么，脑海里浮现的是《当幸福来敲门》里面的片段，是男主角最穷困潦倒的时候在车站的厕所里过夜，是他身上只有20美分的日子，可是他从来就没有放弃过。

如果你有梦想，就一定要捍卫它。

老爸同事的女儿，高我几届，我刚上高中的时候，她已经出国两年了，恰好我们的老师是同一位。高二的时候，老师给我们读了一封信，是她从英国寄回来的。她说现在过得很好，谢谢老师当年的教导，最后老师慢慢念出信的最后几个字——来自剑桥。当时我一下子就蒙了，对那种学校只有想的分儿了。后来有幸跟她见面，她说的一句话我至今记忆犹新，她说，因为想要过

自己的人生。她一直记得一句话：很多事情就像旅行一样，当你决定出发的时候，最困难的那部分其实就已经完成了。

突然就想到了自己，第一次出国留学的时候，离自己的17岁生日还差3个月。奇怪的是在机场的时候，我并没有想象中的那么不安，我只是反复告诉自己，这条路是你自己选的，不管怎么样也要走下去。可是留学生活并没有想象中那么顺利。

后来有一天，我在Facebook上看到Leo，一个澳洲本地小伙儿，成绩好到令人眼红，最可贵的是他的性格还很好，做事能力强到让人嫉妒。我就开始跟Leo聊起最近的生活，到后来就变成了我在诉苦。等我说了很多，过了很久，我才看到他发过来的字。他说，我到现在都用不起iPhone这种在你们那里随处可见的东西，我现在的学费都是自己赚的，虽然你离家很远，但是你父母一直在后面资助你，你每天就做这么一点儿事情，凭什么说自己撑不下去了，你有资格吗？那些比你累的人都没有说什么，那些比你优秀的人都比你努力得多，你有什么资格在这里唉声叹气。

然后他对我说了一句我到现在还一直记着的话：要么滚回家里去，要么就拼。

我突然就醒了，我一直只看到那些闪闪发光的人身上的闪光点，却不知道他们到底付出了什么样的代价，才换取了这样的人生，我有什么资格在这里抱怨。

我一直觉得自己的青春很苦，老是在想这么下去会不会有未来，自始至终也没能对这个不属于我的城市产生过一丝归属感，很多想法都只是一闪而过。为什么明明知道时间那么少、青春那么短，想得最多的，不是怎样去接近梦想，而是反复地不安和疑惑？

终于觉得，那些熬夜的日子，最终会让我迎来属于我的结局。从离开家的那一刻起，就注定了我无法回头的青春。记得上次一夜没睡跟朋友去山上看日出，偶然听他们说起自己之前的生活，才明白不管是表面多么快乐优秀的一个人，不管是外表多么光鲜亮丽的一个人，都有各自的心结。就像青春注定要漂泊和颠沛流离一般，那些流过的泪、受过的苦，总有过去的一天。

一个人20岁出头的时候，除了仅剩不多的青春以外，什么都没有，但是你手头为数不多的青春能决定你变成一个什么样的人。往往你将来成为一个什么样的人，就在于在这个阶段你想要什么。一个人一辈子能去几个想去的地方，能看几个难忘的风景，能读到几段改变你人生的文字，又能经历多少次难忘的旅行？

就像歌里唱的那样：我不能在这里变老。我要在变老之前，做一些到了80岁还会微笑的事情。

我想，一个人最好的样子就是平静一点儿，哪怕一个人生活，穿越一个又一个城市，走过一条又一条街道，仰望一片又一片天空，见证一次又一次别离。然后在别人质疑你的时候，你可以问心无愧地对自己说，虽然每一步都走得很慢，但是我不曾退缩过。

在时间的缝隙里充实自我

富人可以用钱来保障自己的时间，穷人则只能用时间来保障自己的生存。

[1]

前段时间休假回了乡下的老家。

老家的设施在扩建中，自来水偶尔会供应不足。于是用最原始的办法，在有水的时候用大桶存储起来以便保障日常生活。但问题也随之而来。

没有自来水，自然也无法用热水器了，只能像小时候一样用锅烧水：洗锅，倒水，烧水……

本来洗个澡只要十几分钟，结果却花了四十多分钟。

生活的不便利直接导致的是时间的浪费。一个一个步骤进行着，不曾停歇，完成的事情却很少。

很多人都羡慕乡村的慢节奏生活，但所谓的慢节奏可能只是文人雅士描绘的假象而已。

在偏僻的乡村，人们日出而作，日落而息，终其一日都在忙忙碌碌，没有一刻停歇，却依旧食不果腹，衣不蔽体。

贫穷到工业化难以开展的地方，最传统的人力农耕一天只能耕种一小块地。表面看起来很慢的节奏，于农家汉子而言却是超负荷的劳作。

铁锹一挥一舞之间，汗流浃背。

烈日下不断地低头重复，得到的只是微薄的回报。

反之，在较为富裕的平原地带，放眼望之，万亩良田皆是依靠农耕机、插秧机、收割机实现农耕机械化生产，一天可以处理上百亩农田。在吃喝乘凉之间，满载而归。

社会发展的一个重要标志就是解放了人的双手，机械代替了劳力，把低效率工作束缚的时间还给了人本身。

[2]

双十二刚买了一台电脑，但这个打算是两个月前就有的，却忍着旧电脑的各种卡，各种焦虑和时间的浪费拖到了现在。

之前就已在天猫和京东上来来回回地看了很久，价格差不多的，想比较下哪台性能更好，性能差不多的，又比较哪台更便宜。

性能一般的，不甘心将就；配置较高的，又对它的标价望而却步。

好不容易选定了，只能先放购物车，等待双十二能优惠个两三百块钱。

时间就在这反反复复的比较和等待中浪费了。

有人说，这就是典型的穷人思维。诚然，这是很贴切的词。

但如果不是囊中羞涩，大部分的人都会直奔主题，买下需要的东西。

但我不得不考虑买了这台电脑后，剩下的钱是否还够这一个月的花费，还有没有应急资金以备不时之需。

货比三家，犹豫不决，好像成了我们穷人的专利。

想要把有限的资金最大化地利用起来固然没有错，只是，思考与纠结的状态，是我们付出的时间成本，这个成本并不便宜。

当为了一顿午饭、一件衣服犹豫徘徊的时候，还是要想一想我们所付出的时间代价是否划算。

可以适度思考，但不要过度纠结。

[3]

记得曾有句话说，穷人的时间不值钱，所以愿意用时间来换钱。

但什么是穷人呢，抛开各种新颖的定义不谈，通俗的说应该就是没什么钱的人。

富人可以用钱来保障自己的时间，穷人则只能用时间来保障自己的生存。

工作在魔都上海，上下班单程一个多小时该是再平常不过的事了，有些住得远的，两个小时也不少见。

住在南汇区域的小伙伴对早上的地铁16号线最是印象深刻，长长的限流蛇形，黑压压的人群，挤不进的车厢每天都在上演着春运大迁徙。

从不奢望有个座位，只希望下一班，再下一班一定要挤上去，否则又要扣工资啦。

最羡慕什么？那些半小时就能到公司，回家有热饭热菜的人！

可能有人会想，干吗那么折腾，住近点不就行了么。

呵呵，在2016年的上海，先不说市区，外环内，但凡交通便利，治安还可以的小区，两室一厅每月租金七八千块的都不好找。

广大吃瓜群众只能乖乖地退居外环，寻找属于自己的一片天。

常说人穷志短，有些事情的关键不在“志短”，而在“人穷”。当你的钱包不足以支撑你梦想的时候，只能默默地用时间与汗水换取折中的立足。

[4]

暂时的穷，注定了有些事情必须被动地接受，但是否就这样被动下去，就要看我们自己了。

曾有一个流传很广的故事。

以前有两个和尚住在相邻的两座山上，每天都会在同一时间下山去溪边挑水，不知不觉已经过了五年。

突然有一天，左边这座山的和尚没有下山挑水，过了一个星期，还是没有下山挑水。

直到过了一个月，右边那座山的和尚很担心就去探望他，当他看到他的老朋友之后，大吃一惊！因为他的老朋友，正在庙前打太极拳，一点也不像一个月没喝水的人。

他好奇地问："你已经一个月没有下山挑水了，难道你可以不用喝水吗？"

"来，我带你去看。"

于是，他带着右边那座山的和尚走到庙的后院，指着一口井说："这五年来，我每天做完功课后，都会抽空挖这口井。能挖多少就算多少。如今，终于让我挖出井水，我就不必再下山挑水，我可以有更多时间，练我喜欢的太极拳。"

故事中的和尚，亦如你我。

多少人都在嚷嚷着日复一日地工作让人疲乏不堪，早出晚归的生活看不到尽头，却没有作出任何改变，也不曾把握下班后的时间，培养自己另一方面的实力。

这样下去真的只能用日复一日的操劳，换取勉强的生存。

只有那些在日复一日的工作中悄然增加砝码，再苦再累，也在挑水之余挖一口属于自己的井。逐步提升自己个人能力的人，才能最终攒下不用每天挑水的资本，解放原本被动劳动占用的时间。

[5]

广东有句俗语：宁欺白须公，莫欺少年穷，终须有日龙穿凤，唔信一世裤穿窿。

说的就是不要看不起贫穷的年轻人，少年人如果努力迟早有天会飞黄腾达的，不会一辈子总是穿着有破洞的裤子。

我们工作就是用自己的时间来换取保障生活的金钱的过程。

有些人的时间价值高，工资自然高些，有些人的时间价值在管理者眼中没那么高，工资也自然低些。

市场经济从不说谎，我们的单位时间价值的评定，是残酷的，也是公平的。说白了，不要妒忌你老大按点下班还拿着高工资，他在积累能力资本的时候你没看到。

也不要抱怨自己天天加班加点，工资却还这么低，这就是市场对现阶段你的能力开的价位。

因为我们的时间还没有足够值钱，我们的劳动在单位时间创造的价值就这么多。

与其哀怨社会不公，生活困苦，不如勇敢地审视自己的实际能力，明确方向，在时间的缝隙里充实自我，提升自己的单位时间价值，让自己变得值钱。

少年们，趁着我们还有点青春资本可以放手一搏的时候，不要让自己变成真正的穷人。

今天的时间是属于今天的你

想写这篇文章很久了。

因为一直觉得我们人有一个毛病，总是喜欢将最好的东西留到最后才享用，或者等最后再给别人。

但人们往往忽略了至关重要的一点，就是这个最好有一个保质期。可以说人能拥有的快乐触发点、有机身体等，都会随着这个保质期的到来，慢慢变质。

那么人们为什么选择过变质的生活呢？他们不知道这样会让自己的生活质量变得很低吗？

我想他们不一定是不知道，而是从来没想过换一个选择会让生活变得更好。

这就好像旁边小花园开了漂亮的花，你不去看，反而在想明天摔碎了碗怎么办？

然后今天的时间全用来担心明天碎的碗，等到了你想看花的时候，花已经凋谢没了。

你这不是傻是什么？

身边恋人对你好，你不和人家好好过日子，反而在想未来某一天他穷凶极恶地殴打自己。

然后跟对方生气要分手，觉得对方不配拥有以后最好的你。等你所谓的最好到来时，人家早就心冷了。

你这不是傻是什么?

总是将自己每样最好的东西，留着憋着，天真地以为自己最终能放个大招。

却将自己每个时间段里最好的东西都放坏了。

你这不是傻是什么?

就拿一袋苹果来举个例子吧，如果说这袋苹果每天只允许吃一个，那么:

有一种人会每天选择里头最红最好的苹果，那么他最终能吃到大多数的好苹果;

而另一种人每天找出烂了一部分的苹果来吃，因为他想把好苹果留到最后，可他忽略了一点，那就是苹果会坏，这就导致他永远都吃不到完好的苹果。今天烂了一个，吃这个烂的，明天又烂了一个，又吃那个烂的，反反复复，直至最后，他也没法享受到最好的那个。

人生恰好也是这样满满一口袋的苹果。

但人们从来不会想，自己为何打开口袋只能吃到烂苹果，却天天抱怨自己未来的生活会糟糕和不顺心。

那是因为你们明明可以选择好好学习，却天天游戏睡懒觉。

那是因为你们明明可以选择吵架后和好，却谁也不理谁。

那是因为你们明明可以提高自己的生活质量，却硬要过苦日子。

还有人说自己以前遭受过非人待遇，所以未来肯定没什么好日子过，所以现在就是要不开心。

还有说自己习惯了一个人生活，已经不快乐了，现在改变也没有什么用。

可是你可以试试啊，你先试试啊，你主动一点，你不多做做自己喜欢的事情，怎么知道呢?

也许他们并不是不知道，他们只是都在等别人来帮助自己改变自己。

以前有个在工厂打工的小伙子，一直找不到女朋友。

于是工友就帮着介绍了一个。

人家姑娘去小伙子住的地方一看，到处都是臭袜子，乱堆的衣服。

姑娘赶紧找了个借口离开了，再也没有来往。

小伙子却认为自己有对象以后就能变得干净，改掉自己懒散的毛病，然后把最好的自己留给对方。

可是为什么要等到有了对象，或者有了什么什么之后才去改正呢?

现在就让自己有一个好的方式生活不好吗?

现在就让自己吃上好苹果不好吗?

为什么非得把自己所谓的好留在后面呢?

做事是如此。

谈恋爱亦是如此。

你不知道过了期限，东西会变质吗?

你不知道大多数人没法将时间去等一个不确定的东西吗?

时间那么宝贵，一天到晚不去琢磨怎么过好当下的每一天，却整天空想未来没有发生的灾难。

你甚至都不知道，你自己所谓的好，到那所谓的最后，你还有没有心情期待以及别人还愿不愿意接受。

小时候我特别爱看动画片，但是家里管教得比较严，就很少去碰电视机，以至于错过了好多动画片。那时候我暗暗发誓，长大了一定要将这些动画片看个遍。

类似的情况还有玩具，我说我以后一定要把小时候买不起的玩具都买个遍。

然而，真的到长大了以后。

我兴致勃勃地将小时候没看完的动画片找出来，却一部也看不下去，我已经不会再为看到这些动画片而欣喜雀跃了。

我兴致勃勃地在网上找到以前想买的玩具，发现我已经不再需要它们了。

我才突然明白，每个时间段都有每个时间段想拥有的东西，在这个时间段里你不去得到它，不去使用它，等过了这个时间段，它就对你没有丝毫意义了。

因为你的心境，感觉都已经变化了。

而当初认为好的东西，现在已经没有自己想象的那么好。

那我们为何不早早享受它。

就如同很多老人的所谓节俭生活，我虽然能理解，但并不认同。

比如很多过惯了苦日子的老人，总是将家人买的水果肉类藏着，舍不得吃，在冰箱放了又放。

但每天依旧还是要一日三餐的啊。

打个比方，家里买了一个星期的新鲜饭菜。

明明每天可以吃新鲜的，舒舒服服到最后吃完，但他们不愿意。

他们宁愿每天吃剩饭剩菜，等吃完，原本新鲜食材又变成剩饭剩菜，又继续吃，一直到最后，所有新鲜的都活生生变成剩下的。

何苦为难自己呢?

明明可以过得更好啊。

明明可以把每一天过得更好，每一天都能吃上新鲜饭菜啊。

为什么硬要等到过期变味才舍得吃呢?

那些最好的，就这么活生生变成最差最烂的，你们难道不觉得可惜吗?

虽然知道他们的压力多数来自每个不确定又心惊胆战的未来。

可这样的未来和不确定并没有在你今天发生啊。

能不能不要到最后你才明白。

最好的青春留不到最后。

最好的感情留不到最后。

最好的生活也留不到最后。

虽然知道他们在脑海里往往形成这样一个概念。

明天过得不好怎么办？后天过得不好怎么办？未来某个日子里过得不好怎么办？

可他们早就应该明白这件事。

那就是今天的时间是属于今天的你，你的责任是要把它过好，而明天的时间是属于明天的你，无须今天的你为之操心。

你要全力奔跑，才不会留在原地

[1]

你是小城里走出来的人。某天看到房地产的广告："宁要都市一张床，不要小城一套房。"

内心突然纠结。在这座城市里，"感觉自己除了不咸不淡的工作，同事，恋人，仿佛也没什么朋友。于是顿生"孤独感，有归去之意"，想回到小城市，做个小生意，养条狗养些花养个孩子。于是问我——

想回家乡，就是堕落了吗？

堕落倒没这么严重，只是明显，你无法适应都市生活，想选择另外一个生活方式和价值观。

关键问题是，你好像简单粗暴地把生活方式和价值观划上了等号。在你的潜意识里，你认为大城市 = 无趣，小城市 = 安逸。你认为只要回到小城市，就可以完成你内心期待，如同用彩色铅笔给《秘密花园》涂上了颜色。

我们大多数人在很年轻的时候，对生活的最大误区在于，以为降低我们的欲望渴求度，就可以减轻我们的努力程度……

我们以为，如果在都市里拿10000元的月薪感到太累了，不想拼了；于是就回小城市去找个月薪2000元的工作，就只需要付出20%的努力就行了。

慢慢你会发现，这账好像有点不对。你貌似主动把工资缩水了80%，从月薪10000元变成了2000元；但你发现辛苦程度依然要维持在80%的程度，而不是你梦想的20%。另外你想拿来养花养狗生孩子的80%，化作泡影。

为了这2000，你依然需要付出80%的精力——

你照样需要朝九晚五，甚至，还找不到一个管理正规的公司，乡土老板会安插自己的小姨子坐在你的办公室对面，然后她拿工资，你干活。

这时候，你才发现。40岁之前和自己谈岁月静好，都是自己对自己的欺骗。

[2]

你更会意识到：

想做个小生意，也可以在城市里做，不一定要回家乡做。

想养花，可以在城市里养，不一定要回家乡养。

想养狗，也可以在城市里养，不一定要回家养。

为什么？如果在一个机会相对平等，竞争相对透明，一分耕耘一分收获，聚集了各种人类的，包容性更强的，没有家族连带关系的都市里，你都没有办法搞定一个诗意的生活。你居然梦想着回一个三步路就会遇到熟人，25岁不嫁人就会被指点，婚恋价值观还停留在解放前的三四线生活的地方，实现你的自由田园梦。

是不是太可笑了。

可你唯一考虑很到位的一点就是：过段时间，回到家乡，你就会生个孩子，走上三年屎尿屁的道路。

为什么？因为，如今一个女人在小城的最大价值，依然是结婚生子。如果你不愿意，你就要证明你在除了繁殖之外的价值，而这所需要的努力，并不比你在都市里生活更少。

[3]

如果你没有能力证明，你就会迅速走上常规模式的嫁人生子道路。因为，这就是一个女人在小城市应该过的生活呀。你总得做点什么证明你是活着啊。

不要低估生活环境对你的侵蚀力。

当深夜抱着孩子，你又会开始思考你的价值，你的选择。

我怎么知道的？因为，我就是从深圳回到长沙的人。我就是那个当年以为如果只需要20%的欲望就只需要付出20%的努力的小傻瓜。

好在，当我意识到这一点，就开始为我在长沙活得像个人样而负责。这几年，我的付出，我的失落，我的纠结，我的勇气，都真实可靠。我决定要去付出的，也许并不比在深圳的那些女朋友少。

一个女人，要记住：当她选择在小城市里生活，区别只是把努力的地点换掉，而不是把努力这个词丢掉。如果你梦想着世外桃源，那就更危险。

昨天和老闺蜜，讨论她的书名。里面有一个苦字，她说，她有点害怕读者会觉得太悲观，可是我们已经知道，苦，孤独，是生活的常态，这不是悲观，而是放下。

这就是我，30岁的我，如今的价值观：生活没有容易的。我们只是在不同的地方，不同的领域，为了不同的目标而受苦。

而且最无奈的是，苦这东西真和苦瓜一样，你吃吃就习惯了，甚至爱吃了。如果你一直在逃避，死活不吃，就永远觉得它好艰难。

选择去受苦，也是价值观。价值观，是个很诡异的东西。在吃喝拉撒面前它仿佛并不重要，无足轻重；但是某天，你会发现，你所有的快乐，人际关系，你做出的选择，都与之有关。

你选择大城市还是小城市，不如说，你在处于价值观的评估期。

姑娘，在清晨你快要醒来的时候，半梦半醒，把右手放在你的胸口，深呼吸，认认真真问自己几个问题——这个时候，是你和内心联结最近的时刻，你想要什么，你在害怕什么，你在恐惧什么，你在逃避什么？

你只有直面那些害怕，恐惧，逃避，才会了解自己是不是真的想要回去。回到哪里，心安的地方，不一定是家乡而已。

你最陌生的人其实是自己。你了解自己比了解任何人都难，奋斗和怯懦，光明与黑暗，全部共存在你的心理，勇气和逃避，有时候，他们在你心里所占股份只有49%和51%的区别。就这2%，你发现居然需要几年的时间来甄别；就这2%，决定了你最真实的想法。

当懂了这2%，你才会增长智慧，你才会知道阅历是什么东西。

才会看到我们每个人的生活，其实都是自己给自己造的一个楼盘。外人看见的永远是我们画在广告牌上的“荣耀大盘，旷世杰作，桃源生活”，可是我们自己才知道，我们是自己的物业。我们要面临的是收不上管理费的窘迫，在漏水的外墙，24小时在投诉的邻居，常年需要维护的人际关系，需要杀虫灭蚁斗流氓，忙得不亦乐乎。

这个楼盘不管造在哪里，你都逃不掉，躲不了。

我们此生，终究要面对很多无趣，孤独，才能换取静好。在《爱丽丝漫游仙境》里，红桃皇后有一句话：你要全力奔跑，才能留在原地。

做你时间的主人

能流失掉的

都是你苟且求全的时间

能真正拥有的

是你打开每个毛孔全情投入的时间

假设你一直想去跑步去学英语弹吉他，但却迟迟没有实施，而你给自己的理由是——我没时间。

如果这时有人给你一百万元，只要你接下来一个月每天早上跑两个小时，我猜无论你多没时间，你都能做到。

所以与其说没时间，不如说这件事你的价值排序比较靠后。在这之前，还有很多优先选项，比如追剧，刷微信，逛淘宝，盯孩子写作业，应酬……

但当你真的把你正在做的事情梳理一遍之后，你会发现一个残酷的现实，就是你排在运动之前的优先选项，那些你已经做了或者正在做的事情看起来并不是那么有价值。为什么我们会停不下来去做那些看起来挺无聊的事，甚至还会自责，自责完之后接着做？比如逛淘宝，比如吃很多食物，比如玩游戏，比如睡觉，比如刷微信，或者是一边骂那些脑残剧，却一边花大把大把的时间去看，看完之后就觉得最脑残的其实是自己。

这是个很有意思的状况，如果你无法做你时间的主人，就意味着你没有成为你生命的主人，如果你一辈子在说是没时间才没做那些真正想做的事情，等于说你这辈子白活了。

曾经很长一段时间，我睡觉都很晚，早的话晚上12点多钟，更多时候是凌晨一二点才睡觉，我对自己这么晚睡并不满意，常常告诉自己要早点睡，早点睡，大家都知道，这种自我叮嘱最后都是毫无效果的，我依然每天熬得快要晕过去才上床睡觉。当时对我来说，这么晚睡的理由很充分，因为我需要能拥有一点真正“属于自己”的时间。那时小女儿还没出生，我只用哄一个孩子，每天晚上把孩子哄睡之后，大概已经十点多了，这时才是真正属于我自己的时间，可当我拥有属于自己的时间后，我会拿这段时间去做真正有创造性的事情吗？比如写书，比如处理工作，NONO，当然不会，绝大多数的情况是这种“真正属于自己”的时间都被我做一些纯粹消遣的事情混过去了，也就是在那段时间，我把《绝命毒师》《摩登家庭》《黑镜》看完了，哦对了，还有《甄嬛传》也是那时候看完的。然后一直觉得自己该做的事情都没有做，依然拿不出书稿给编辑，新的课程方案也没有给团队。那些“必须”要做的事情都是拖到最后一刻才做完的。

这种感觉觉得熟悉吗？那些想停却停不下来的事情是如何越来越多地出现在你的生活中的？你的身体并不需要摄入那么多食物，为什么你却停不下来吃它们，你对追完那些剧之后心里空落落的感觉并不喜欢，你告诉自己不要再喝那么多酒抽那么多烟了，甚至你已经能感觉到这些东西对你的健康带来的影响了，你却停不下来。这就是在心理学所说的强迫性重复。

无论你处在一种多么无奈的状态，比如停不下来地去做些无聊且无用的事，或者做一份厌烦的工作，甚至跟一个不相爱的人一起生活……这些统统都是你的选择。

任何的选择，无论看起来是多么糟糕的选择，只要你还在做这个选择，就意味着你这个选择对你来说是有价值的。

并且和你能看到的价值相比，这些选择之下，看不到的价值对你来说更重要。

做父母的人基本都知道，很多孩子的婴儿期常年会带着一样物品睡觉，通常是比较柔软的物品，比如一张小毯子，一个公仔或者一块布巾一件衣服等等，宝宝会对这个物品有些无意识的重复性亲昵动作，蹭啊，咬啊，摸啊之类，这是婴儿为了替代父母不能每时每刻在身边陪伴而发展出来的一种自我安慰的行为，长大之后这种习惯会慢慢消失，也有一部分安全感建立得不够好的孩子，这种习惯会延续到他很大的时候。

但更常见的情况，是这种自我安慰的行为会演变成被成年人世界所接受的看起来更合理的补偿性行为。对，说的就是那些你想停但停不下来的强迫性重复。它们对你很有价值，因为这些事情都是你的依恋物，是你自我安慰、自我补偿的必需品。那最重要的问题就来了，你为什么老需要补偿，你到底在补偿什么？做那些无聊的事会让你有什么感觉？放松，休息，享受……那意味着你在做这些事情之外的事情时，你不放松，不享受，很疲惫。

不享受，就是做苦工，一旦有做苦工的感觉，抱怨和期待就来了，要么期待通过别人的认可来补偿，要么寄希望于最后得到的成果来奖励自己，要么期待获得一点“属于自己的时间”自我安慰自我补偿。总之做事情的过程之中就是无法全然地享受。

之所以需要自我补偿，是因为不满足，而不满足是因为一直都没有做自己真正想做的事情，当你在做自己享受的事情时，不管多久，都不会需要另外的补偿的，因为在那过程当中已经很爽很满足了。就好像热恋中和恋人在一起时，不管多久都不会累，不会需要另外去休息一下，无论多累多忙你都不会没时间，你永远都会有时间和对方待在一起。因为那是你真正喜欢的事情。

不能享受，就说明一件事，这件事不是你真心想做的，是你在满足别人的期待而做的。

你在做你认为“应该”做的事情，而不是在做你真正喜欢并享受的事情。

可真相是，你所有的时间都是自己的时间，你不可能拥有别人的时间，别人也不可能拥有你的时间，如果有，那也必然是你允许的。

那我们是如何一直感觉失去了自己的时间的？很简单，因为你失去了自己。你遗失自己的比例越多，你感受到没时间的匮乏感就越强烈。

当你一直没有遵循自己内心去选择自己真正想做的事情时，就会陷入一个奇怪的循环：

做应该做的事—疲惫—补偿—自责—做更多应该做的事—更疲惫—更多补充—更自责……

并且，更坏的消息是，为了补偿之前的“洞”而发展的“强迫性重复”也并不是我们真正想做的事情，补偿只是补偿而已，只是一个赝品，一个替代物，一个安慰剂，依然也不是我们真正的天赋所在。就好像一个孤独的人去找艳遇一样，无论发生多少“一夜情”，都不是他真正的灵魂伴侣，只会感受到更孤独，越沉迷“一夜情”，越迷失自己，找寻与自己心灵相通的伴侣就变得更加艰难，因为连灵魂都丢了，哪里能找得到灵魂伴侣呢。

我用了五年多的时间，开始真正找回自己，不再只是履行好妈妈、好妻子、好搭档、好老板……这些身份应该尽的责任，最终我意识到这些身份是服务于我，而不是我服务于这些身份，当我找到自己时，我并不一定需要摒弃这些身份，反而可以更好地享受它们。现在我有两个孩子，工作量也比几年前要安排得更加紧密，但我发现我掌控时间的自由度变得更大，我习练瑜伽，跑步，旅行，撰写专栏，陪伴家人……而所有的一切都来自于我终于有力量不被周围的声音所裹挟，而遵从自己的内心做选择。

当你说“我没时间”次数越多时，其实就是在表达，我“丢掉自己”的比例越来越多。

应该做的事情也许看上去很正确，也因为正确而感觉安全，可能那真的是大多数人的正确，可终究是别人的正确。我相信对于每个灵魂而言，更愿意选择忠于自己的人生，而不是“正确”的人生，对于每个人来说，只有找到自己享受和有热情的事情并有力量为之全情投入，才能会体验到时间的充盈感。

最终，能流失掉的都是你苟且求全的时间，而真正你拥有的是你打开每个毛孔全情投入的时间。

从掌控时间当中拿回自我控制感

与黑夜相称的，除了星光，还有疲劳。

23年前，演员葛优往沙发上的随便一躺，已然成为今夏最火爆的表情包，而他所扮演的角色，一个没脸没皮的“二混子”纪春生也迅速成为“颓废”、“疲劳”、“心塞”、“生无可恋”等情绪的代言人，直直地戳中了现代人的心窝。人们一言不合就开始葛优躺，社交网络、工作生活当中，也随处可见翻版的“二混子”纪春生。

究竟是什么让这样一个无甚特别的style成为全民式的狂欢？

[越忙越累，越累越忙]

“这是最好的时代，也是最坏的时代。人们面前有着各样事物，人们面前一无所有。人们正在直登天堂，人们正在直下地狱。”

狄更斯在《双城记》中所说的这段话，同样适用于今天所处的时代。人们被越来越多的事情逼迫着前进，备忘录里塞满了各种待办事项，升学升职买房买车的压力也时刻尾随在身后，大脑如陀螺般旋转，不断地承受着多种信息的轰炸。中文互联网数据资讯中心的一项调查显示，94%的人感觉“信息过载”，甚至有些hold不住。

在这种情况下，人们开始习惯于同时处理多项任务，一边回复邮件，一边发微信，一边做PPT，这无疑增添了更多的忙碌感。华盛顿邮报的Brigid Schulte将之称为“精神的无尽循环现象”，人们不断地、永无止境地消耗着精力。

如此这般，“过劳死”的事情已经不再新鲜，而“拖延症”、“疲劳综合症”、“职业倦怠”等症候群也纷纷爬上人们的枕畔床前，成为忙碌时代下的病态产物。

[“葛优躺”的实质：一场群体式的治疗]

“葛优躺”恰恰正是忙碌的反面，“老子就是什么事也不想做，就想这样懒懒地躺着”。它站在了与社会规范相对的立场上，撕开了忙碌背后的真相，实质是一望无际的疲惫。

诚然，上进努力，卖力干活，走上自我实现的高峰，这是备受称许的一面；与此相对，人们却似乎忽略了自我照顾的重要性。当一个人的注意力被太多稀缺的资源所占据的时候，是否还能够停得下来，给自己留一丝喘息的机会？

“葛优躺”的流行无疑是打开了一个水闸，让那些曾经在正能量的遮蔽之下所看不清的东西，有了一个宣泄的出口。人们终于能够公开承认：

“哦，原来在光鲜亮丽的背后，我也有如此疲累颓废的一面。”

“是的，我并不是超人，我也有力气衰竭的时刻，对于这些我并不想否认。”

群体式的狂欢，实质上不过是群体式的治疗。一个个“葛优躺”们通过网络的方式彼此相认，他们以相同的style唤起内心深处的共鸣：“幸好，我并不孤独。”

[“葛优躺”们的出路在哪里]

然而，这种唤醒共鸣的方式仅仅只是一个开始，却无法作为终点。“葛优躺”们仍需在汲汲奔忙的世界中，为自己觅得一条出路。

首先，建立清晰的自我边界感，以不含敌意的坚决去拒绝外界的侵犯。

“自我边界”如城墙一般守卫着人们的内心，也抵御外界的压力。当一个人的边界清晰，对事物有完整的判断时，就能把“自己的事情归给自己，他人的事情归给他人”，在必要的时候，拒绝掉那些不属于自己的任务事项，从而给自己预留出一定的私人空间，不至于被忙碌所绑架。

现代社会当中，工作与生活的界限正变得越来越模糊，手机网络的便捷更是让人们随时随地被呼传，这更加需要人们建立起清晰的边界感，以心中的标尺，去作为行动的准则，区分孰轻孰重，孰先孰后。

其次，及时地调整自我的状态，寻找最近发展区。

“最近发展区”是指一个人所熟悉的生活状态与他可能达到的生活状态之间的距离。在情绪宣泄完毕之后，人们需要适时地拉回理智，问一问自己：“如果最好的状态是10分，我现在的状态是几分？有没有曾经高过这么多分的时候，当时我是怎么做的？如果想要提高1分，我可以做些什么？”

这种具体化的技术可以让人们清晰地了解到自我的状态，从熟悉的泥潭之中一跃而出，做出调整与改变。

第三，做一些简单的小事，从小事当中拿回自我控制感。

泡个热水澡，晒晒太阳，散散步，或者仅仅只是认真地吃完一碗米饭，都能够帮助一个人改善情绪，舒缓压力。也恰恰是从一件件小事当中，人们从无序走向有序，从“葛优躺”们走向“从心所欲而不逾矩”的相对自由的状态。

保持对自己的控股权

无论做哪一行，

只有自身素质提高了，

自己变得优秀了，

才能走得更远。

当你足够优秀，资源不请自来

在资源有限的时候，不要忘记你就是最大的资源、最重要的因素。你的状态、方法、品质、信心，将决定一件事情的未来。

[1]

朋友今年毕业了，去了一个很不错的单位工作。

之前就听他说，老师非常喜欢他，极力希望他能够留校。但是他为了女朋友，毫不犹豫地选择了女友所在的城市。

老师忍痛割爱，说朋友是他这么多年来最满意的一个学生。师兄弟们非常羡慕他，羡慕他有好的运气，同时对于老师的偏心也有些小嫉妒。

去年夏天，我正好去朋友所在的城市出差，时间紧迫。恰逢他的导师请课题组老师和学生们等三十几个人吃饭，朋友就顺便把我也带上了。

吃饭间，朋友忙前忙后，帮老师张罗饭菜，替同学们安排座次。整个饭桌上没吃几口菜，有几位老师临时有事，先行回家，也是朋友将这几位老师送出门口，扶着喝多酒的老师，给老师叫出租车。整个晚上都是礼貌而周到，并且把现场的气氛调动得非常好，大家玩得都很欢乐，难得的放松和舒服。

饭后，我跟他说，我要是你的老师，我也会如此偏爱你。你为人豪爽大方、不拘小节、做事努力认真、学业优秀、礼貌踏实，一直给人一种放心的感觉，交往过的人几乎众口一词地夸赞你。

其实，你的同学、师兄弟们只是看到了老师的偏爱，没有看到原因。比如，就在刚才，你在里里外外地帮助老师张罗，给喝多酒的老师打车，还要时刻照顾我的情绪，怕我因为陌生而不能放松下来。可是，除你之外的同学们却是在饭桌上谈笑风生，并没有表示礼貌和帮助。

朋友说，哪有所谓的好运气和偏爱，只不过是自己的努力没有被人看到。他们只看到我跟同学出去吃饭喝酒，可是他们不知道即便是吃饭，我也在学习，我随时会抓住大家说话的有用的信息点放到自己的工作中，多少个夜晚睡不着觉想着科研实验该如何进行，才有了现在的顺利。而你说的那些礼貌不过是做人的本能而已，做人不就是应该礼貌真诚吗？并不是老师偏爱我，我才顺利，而是因为自己的努力赢得了老师的偏爱而已。本质上，只有自己优秀的素质才是自己最大的资源。

朋友的老师喜欢他，为他的不留校感到万般可惜，这不但是对其能力的肯定，更是对其高尚修养的肯定。正是他本身所具有的这种素质，使得老师愿意成为他的贵人，愿意在事业上尽其所能地去帮助他。

[2]

个人的素质就是自己的名片，你所有的道德、品行、能力经过时间的验证都会刻在别人的心里。而他人是尊重你、喜爱你还是对你敬而远之，实际上都是看你这张名片是否体现了一定的价值。

个人价值不仅表现在顺境中的提升，在逆境中的增长才更能体现一个人的气度涵养。

同样是一个做科研工作的朋友，读书时他所在的团队的科研氛围却并不怎么乐观。

老师以先入为主的印象否定了他，之后任凭他再怎么努力和出色，老师仍对其有意见。

他告诉我，这是一个常人难以忍受的环境。面对着沉重的科研、迷茫的未来，再加上老师的不理解、挖苦，三年中，他承受了巨大的压力。

但是他没有抱怨，依旧努力踏实，发表了多篇高水平的文章，其中一篇高水平的文章是该团队十几年来最好的一篇。他的性格、心理也因此被磨炼得更加沉稳、平和。

他说，经过了这三年残酷的训练，现在已经没有什么困难能够将他打败。

毕业时，他去了一所很好的高校工作，遇到的老师对他非常欣赏和信任。我取笑他，你终于转运了。

其实我心里知道，是他自己成就了自己。他在困难中坚持住了原则，始终将磨难转化为自身成长的动力，并不断地调整自己的适应能力，心态变得越来越好，看待事物越来越客观，为人更加谦和，人格更加完善，个人的整体素质提升了一大截。

是他自身的优秀、自己的价值吸引了同样优秀的人，使得自己被他人欣赏、赏识。最终，那些磨难也变成了财富。

使一种交往具有品质的不是交往本身，而是双方各自的素质。没有人愿意去认可、信任一个没有素质、没有价值的人，除非对方也是一个没有素质、没有价值的人。

质量高的交往中，交往者双方必定都是优秀的。

因此，最重要的是使自己变得优秀，才能配得上有价值的良师益友。同样，使自己变得有价值，才是自己最好的资源。

[3]

前段时间看某采访节目，一位知名导演对一年轻演员的赞美引起了我的注意。作为导演界的大腕，这位导演一向要求严格，想得到他的表扬不太容易。

而他曾不止一次地夸奖这位年轻演员，说是这位年轻演员改变了他对小鲜肉的看法。

知名导演说："他有时候是很羞涩的一个人，甚至某些方面非常传统，他每次在休息室见到长辈，都会站起来，非常有礼貌。"

知名导演坦言，过去没接触过这批年轻偶像，心里头还想过是不是现在的年轻人"眼里头谁都没有"，但跟这位年轻演员合作后，这个想法便彻底改变了。

也许这位年轻演员的演技还不是那么出色，但是他却有着年轻人的谦虚、踏实、礼貌且好学的精神。正是这些优秀的品质使得这位知名导演对这位年轻人刮目相看，欣赏夸赞并乐于给别人传递对他的这份喜爱。

荧幕上总有层出不穷的明星，但也有好多人的光亮是转瞬即逝的。任何投机取巧、仅仅靠运气就想获取成功的人，最终都会被证明这样的想法也不过是泡沫而已。

我们都有这样的感觉，一个人格完善、素质优秀的人容易给人如沐春风般的舒适、欣喜和信任，而我们也愿意把这份舒适、欣喜、信任告知他人，把他推荐给值得拥有这份信任的人。于是，他的资源便流动了起来。这就是你若盛开，蝴蝶自来的道理。

德艺双馨，这不仅是搞艺术的人应该拥有的素质。

搞管理的需要领导才能和高贵品质，做技术的需要技术精湛和良好修养，做学术的同样需要科学精神和高尚人格。无论做哪一行，只有自身素质提高了，自己变得优秀了，才能走得更远。

我们身边或许有这样的人，我们认为他无论做什么工作，去哪里发展，都会做出成绩。我们之所以这么认为，并不是这个人有多么开阔的眼界、多么强大的人际关系和社会资源，而是我们确信他拥有着具备做好一件事情的素质和精神，我们对其充满信心。

对于外力资源本就匮乏的人来说，唯一能做的，就是把自己本身具有的素质发挥完全，投注到做一件事情上，认真、踏实地去做，做到最好，做到极致，以此来增加自身的价值。

等到你自身足够优秀，你想要的资源也就到来了。

找到自己，才会自由

很多人都想开咖啡馆，我一度奇怪为什么咖啡馆会让那么多人心心念念？后来发现，咖啡馆、小餐馆、奶茶店、小客栈、淘宝小店……这些梦想指数高的关键词，它们有一些共同的特性：

1. 能够获得一份收入；

2. 入门较简单，不需花费过多成本和精力；

3. 自己说了算，不牵扯太多团队合作；

4. 美美哒；

5. 面向流动人群。

想开这些店的人，潜台词是：

我想过自由的生活，有点钱，够日常支出就好；有点闲，能慢下来，享受过程的美好；有趣，能认识更多朋友。

维持平衡就好，有钱但忙到死，有趣但穷到哭，有闲但无聊得要命，都不算一个好状态。如果没钱没时间还无聊，光是想想都生不如死呢。

那么问题来了，如何才能达到平衡的状态呢？相当一部分人会说："我很想辞职，不想被老板骂，不想挤高峰期的地铁，不想周末加班还没有加班费，不想一年只有7天假期想请假出去旅游的时候还要看别人的脸色，但我不知道辞职以后干什么？""我很想自己做点什么，但想了好几年，也没有勇气真的放弃现在的生活。"

因为我已经“自由职业”了一年，总有人询问感觉如何或怎么维生，所以决定写一写这一年来的感受。

自由职业者，首先要职业，然后才自由。

单枪匹马出来混，总得有个技能防身（资源人脉开挂，有雄厚经济基础的自动略过），一技之长是提供个人价值并因此获得回报的前提。不具备职业性，辞职后即使拥有了大把时间，也感受不到自由，因为时间都花在焦虑上了，焦虑生意没法走上正轨，焦虑没有客源，焦虑没有稳定的现金流，有的是让你大把掉头发的麻烦等着，哪还有悠然自得的心情。

大多数人在第一步就卡住了，“可是我什么都不会啊？”

能理直气壮说出这句话的人，应该写封感谢信去给老板，感谢老板雇佣了你，给了口饭吃，什么都不会了，还要什么自行车（不对，要什么假期，要什么不坐班，要什么有趣还美美的）？！

不要找借口，说什么我没本事，没机会，没平台，你之所以不会，就是因为懒。

怎么拥有一技之长？

首先记住——辞职前不会干的事情，辞职后大多也不会干。

不要想说等我辞职后，再去学个什么什么，不管工作有多忙，学一项技能的时间一定是可以挤出来的。

在有工作保障的时候，就应该开始为自由生活做内测，是的，自由职业和其他创业一样，需要反复摸索实验失败爬起后才能蹚出一条阳光大道。辞职以前，试着做这些事情。

1. 花钱

趁有钱可花的时候，学会怎么花钱。免费的东西是最贵的，它用很差的质量占用了你的带宽，抢占了你享受好东西的时间。不要吝啬花钱，网上固然有看不完的免费资料、公开课、论坛讨论，但基本上停留在入门级，想要深入下去，不妨花一点钱，去买专业书籍，请专业人士培训，去专业的店铺体验，花钱买别人长期累积的专业和视野，买别人已经实验论证过的正确方法，是很划得来的买卖。在掌握正确方法的情况下，学会一项谋生技能，1-2年就足够了。

2. 花精力

就算是个自由职业者，你也不是一个人在战斗，前期累积的资源、人脉、平台越多，后期才越容易产生连接并实现合作。去认识与技能相关的群体，加入他们。就职的公司能够提供平台当然最好，如果目前的工作和将来自由职业的方向没有一点关系，那也不要紧，这个时代提供了大量由兴趣连接的社交工具，花点时间，保持开放的心态，坚持在正确的社交平台上发出自己的声音，或许会有意想不到的收获。你是最常接触的五个朋友的平均值，如果五个最好朋友都是安分守己的上班族，那么你自己成为一个安静美男子或美少女的概率是多大呢？

3. 花时间

热情有，方法有，跨出了第一步，更多的人会跌倒在第二步，热血地学习了一段时间后偃旗息鼓，虎头蛇尾最后不了了之。所有事情都是“略懂略懂”，真的要成为事业那还早着呢。这个时候，最重要的是养成一个好习惯，形成一个新习惯起码需要连续坚持21天，保持下去则需要坚持100天，达到高级别需要花掉10000小时，想想你为此投入了多少时间？请不要再说“我就是什么都不会”“我没有这种本事”之类的话了。你不会，不就是没有花够别人花的时间吗？

4. 心态调整

那些说“没有勇气放弃现在生活”的人，要解决的不光是能力问题，还有心态问题。害怕挑战、不敢放弃、逃避选择，说白了，不是真的想要改变，只是想什么好处都占着。改变都有风险，但一成不变的风险更大。

学会放弃，一无所有的时候还好，年纪越大越不容易做到。但年纪大并不是借口。种一棵树，最好的时间是10年前，其次是现在。没有什么时候是最好的开始时机，虽然90后年纪轻，可是60后心机重啊。

学会接受挑战，自由职业者如同单口相声演员，出场以后一两个包袱没抖响，心情就开始沮丧了，既然选择站在舞台上，有没有观众反馈，都要保持好的状态直到谢幕为止。要相信，所有的努力都不会白费，重要的是坚持做下去。而在职时提前演练，抱着失败了也没关系的念头，在心态上会平和很多。

5. 保持敏锐

自由职业需要保持紧张感，而上班久了，习惯寻求安全感，反应速度慢，自主性差，靠别人推着才会走一走。刚辞职的时候，我每天必须打开outlook看好几遍（以前上班，一天要刷几十遍邮箱，不断处理来自四面八方的工作单），脱离了邮件，居然不知道自己该干什么好。不能自主驱动从始至终做一个完整的项目，就只能做一颗流水线上的螺丝钉，成为抽几巴掌才会旋转的陀螺。简单说，首先要成为一台发动机，把电源动力掌握在自己手里才行。

说了这么多，为什么有时候上班给人感觉那么不好，因为你还没有找到一个完整的自己。这个完整的你，可以实现自循环，不因职业岗位领导同事的改变而改变自身属性，没有自由职业意识的人，觉得工作在为别人打工，自己无非是挣钱糊口。当你把重心放在自己身上时，才会感到无论做什么事都是别人在为自己打工，工作是为自己积攒资金、人脉、资源和方法论，帮助建立一个完善的自品牌。

大多数人把时间刷微博微信看韩剧逛淘宝买包包花掉了，因为他们并不知道如果不这样，还能为自己做些什么，才能抚慰日日焦躁而疲惫不堪的心。如果想摆脱现有困境，成为一个工作生活平衡的自由职业者，就要先去找到自己，想明白“我是谁”“我想做什么”“我该怎么做”的问题。

有时间不代表有自由，工作很忙也不代表没有自由，无论什么时候，找到自己，才会自由。

你每天的改变都在让你变得更好

她胖了，向我抱怨工作特别忙，属于压力胖，办了一张健身卡。下次见面，问她去健身了吗，她说没有，还是忙。等赚够了钱，就去少有人住的海岛，过闲云野鹤的生活，每天做两个小时瑜伽。

这个宏大的目标支撑她，过现在这种毫无品质的生活。晚起晚睡、每天宵夜、体重失控、焦虑不安，她的朋友圈里时常发在海边练瑜伽女子的照片，说这就是她的未来。

有一个可以努力的未来，当然很好，然而据我观察，她现在明明也可以过得更好。我们常常迷恋重大的改变：等我有钱就好了，等我换工作就好了，等我换个城市就好了，等我结婚就好了，等我辞职就好了……那些重大的改变像小时候作文本上的远大理想，似乎实现了，一切都迎刃而解。且不说重大改变是否能够到来，即使最终到来，是不是就一定如我们想象那样美好？

在我换第一份工作的时候，也有过这种大改变拯救人生的想法。之前在做一份轻松、无趣、收入低的工作，觉得自己因为赚钱不多，所以是个Loser。新工作谈定那天，我坐在朋友的车上，意气风发地告诉他，我的薪水将翻五倍，我可以去租一间有朝南阳台的房子，在上面种满花草；我要办一张健身卡，练出腹肌；我还要去海边，在可以看海的房子里度假。然后，我真的租了阳台朝南的房子，却根本没时间种花草；办了健身卡，总以要加班为名拖延；度假的时候，住在看海的房子里赶稿子。然后我说，干脆别折腾了，存够钱，我就辞职，争取40岁退休。于是我退了朝南阳台的房子，转让了健身卡，出门度假住快捷酒店，为提前退休拼命存钱。

两年后，我买了房子，成了房奴，提前退休的梦破灭了。并且随着30岁的到来，我开始对年龄产生焦虑感，害怕被社会抛弃，不再羡慕提前退休，反而羡慕那些70岁还在工作岗位的人。

这次经历之后，我拒绝再回答“5年后，你的生活会有哪些改变”这样的问题。改变是从当下开始的，如果当下没有改变，5年后也不会变得更好。我们经常会有一个误区，即认为大的改变才能拯救人生，其实不对。许多时候，是那些微小的改变，让我们越来越好。

一个单身女友住进了自己买的新房。当初买房的时候，信誓旦旦地说等到交房时，一定要嫁出去。但有人可以把嫁出去当成工作计划完成，有人就是不行，她属于后者。所以，她变成了一个住在崭新江景房里的单身者。屋里杂乱不堪，家里冷锅冷灶，午夜时分还拉着朋友一起喝酒，不愿意回家。

我们去家居用品店，她非常喜欢一套床上用品，价格小贵，纠结半天，说算了，等有男朋友再说。“正因为没有男朋友，才更应该对自己好。你要不舍得，我买了送你。”我故意激她。她心一横，买了。第二天把床铺整齐，拍照发朋友圈，说为了对得起这套价值不菲的床品，以后要每天叠被子。

后来，她又养了一只加菲猫，下班就急急忙忙往家赶，以前觉得只有结婚才可以改变的事，竟然被一只小猫给改变了。朋友圈里各种晒猫照，配图是这样的文风：看到它那么从容淡定，我都不好意思抱怨生活。

原来，不是非要结婚才能培养一个人的家庭责任感。

人一旦从微小的改变里尝到甜头，就会明白，人生是由一分钟、一小时、一天累积而成的。所谓为自己负责，是为自己的每一分钟负责。

当你对当下不满意，不要想着三年后会好、五年后会好、结婚后会好、孩子长大后会好，而是如何从下一分钟开始改善。不是完美的才叫幸福，也不是财务自由以后才有品质生活，快乐是我们向岁月讨来的，品质生活是我们与时间打架的结果。

或许这样努力过生活，离你心目中那个终极的、一切问题都被解决的理想生活有差距，可是真要浇一盆冷水给你，一切问题都被解决的不叫生活，叫终点。

生活的本质就是无数问题的累加，解决了一个，另外一个又会浮出水面。危机是永恒的，平静是暂时的。当你因为提高了工作效率，而提前一个小时下班；当你吃到了自己种的又小又甜的草莓；当你穿上了十年前想要的连衣裙，你离理想的生活已经近了一步又一步。

所以，不要问什么时候才能改变，什么时候才可以快乐，通往理想生活的路是从脚下开始的。

今早收到一位朋友的明信片，名为：是日天气。

他从2013年开始，尝试坚持拍摄每天早晨起床后的天空。2013年半途而废，2014年也是如此，2015年终于完成，于是把照片合辑，自费出了十二张一套的明信片。

他的梦想是成为一名自由摄影师，本职工作却是做水利工程，很忙，未婚，为钱着急，也为前途着急。然而，当他谈起这套明信片，眼睛闪闪发光，我知道他从中尝到了成就感，这件看上去无意义的事情让他非常快乐。

我们需要远大的目标激励前行，更需要在每一天的改变中，明白自己对于生活可以有所作为。

在生活的激流中，你不是顺流而下、满怀无奈，而是一个掌控者，可以掌握自己的情绪、自己的时间。那些微小的分分秒秒，因为你的掌控，而变成你的时间、你的生活。它们写着你的名字，因此独一无二，因此银光闪闪。

你的人生
学会你做主

M是朋友中的烘焙达人，常常聚会时带上最新作品，让我们既饱眼福又饱口福，大家常常开玩笑，她不开间蛋糕房真是可惜，每当这时，全职太太M便幸福微笑"都是给老公儿子做吃的练出来的"，可是那天，我们再次这样赞美，她却没有半点笑容，沉默放下蛋糕。

大家问出了什么事。

M犹豫了一会，勉强地微笑：事情就出在蛋糕上。烘焙是爱好也是技能，我想用它成全点自己的小事业，回家和老公儿子商量开间蛋糕房，小区门口有闲置门面，平时销售产品，周末可以给主妇们做烘焙学堂，可是，两个男人众口一声反对，挺意外的。

我们问反对的理由，M说：他俩觉得开间店太耗时间，儿子马上升初中，谁照顾孩子照顾家？这么久不工作，他们对我的能力也很怀疑。还有，开店虽然花费不大，但是毕竟是项支出，老公不同意，我也不好随便动用钱。可是，这么多年我也就这么点自己的念想，立刻被否定，而他们的想法，无论多小，我都尽力帮着完成，这种对比多少有些失落。

M说完自嘲地笑。

成年人学会的重要本领就是在别人的家事和自己的私事上立刻闭嘴，于是，我们礼貌地沉默了。

我认识M很多年，她是这个年代贤妻良母的典范，也从来不是一个"主动”的人。她受过良好教育，原生家庭和睦，最大的梦想就是成为幸福家庭的主妇。于是，她放弃做得不错的工作，相夫教子，如果没有这块蛋糕，她未必觉得失落——她的一切，在外人眼里，几乎是完美中产阶级的样本。

可是，坦率地说，我们却生活在一个对职业女性和全职主妇都不够友善的时代。

职业女性胼手胝足打拼自立的资本，减轻了未来婚恋选择中男人的物质压力——能够体面供养妻子儿女的男人当下毕竟是少数。但是，他们和他们的原生家庭往往要求不低，出得厅堂入得厨房上得职场带得儿郎，职业女性常常困惑于家庭和事业的矛盾，让她们骄傲的职业成功像把双刃剑，一方面支撑了对自我生活的自主权，另一方面却被贴上不够女性化的标签，贤妻良母和职场先锋之间违和感强烈。

而全职主妇，她们的劳动成果并不太被尊重，她们是别人眼里“不上班的女人”，臆想中海量时间无处打发。可是，真正经历过“全职”的女人都明白，这绝不是“从前时光很慢，车马很慢，邮件很慢，一生只够爱一个人”的年代，这是个“坐地日行八万里，巡天遥看一千河”的年头，打理好一个家庭不比打理好一份工作简单，而在这种飞速的变化中，工作的丈夫与不工作的妻子很容易节奏和话题脱节，她在他眼里变成一个能力可疑啰嗦琐碎的女人——谁让你不能创收呢？谁让你不能广泛接触社会呢？

这个时代男人就幸福吗？真的不一定。如果用“挣很多很多钱并且被别人知道”作为衡量男人成功的重要标准，他们确实也挺累，只这一个要求，便把很多普通人从意气风发的少年，折腾成面目模糊的中年。

只是，男人和女人最大的区别是，压力再大，生活再辛苦，男人都不会把自己人生的股份轻易出让给别人，他们始终保持着对自我51%甚至以上的控股权，他们有独立的爱好，有自己的朋友圈，有自立的工作，有掌握了话语权的家庭；而女人，经历了职业、恋爱、婚姻、育儿的各项融资之后，不断妥协，不断放低要求，自己持有的股权被持续稀释，直到有一天惊讶地发现，自己已经被赶出了自我人生的董事会，自己做不得自己生活的主，丈夫、子女、父母还有很多无关紧要的人变成了她们人生的大股东，共同决定了她的生活走向，决定她该不该上班，要不要开店，最好不要和那些自我意识强烈的女人交朋友，这是一种怎样无奈感伤却无力回天的负面感受呢？

1879年，挪威最伟大的戏剧家亨利克·易卜生完成了著名的社会剧《玩偶之家》。

海尔茂律师刚谋到银行经理的职位，志得意满准备大展宏图，妻子娜拉请他帮助老同学林丹太太找份工作，于是海尔茂解雇了手下的小职员柯洛克斯泰，让林丹太太接替空出的位置。

可是，每一个小人物都不能轻易得罪，娜拉早年为了给丈夫治病借债，无意中犯了伪造字据罪，这张要命的字条刚巧掌握在柯洛克斯泰手里，于是，他拿着字据要挟娜拉保住自己的工作，不然就给海尔茂写揭发信。娜拉没有同意，她对丈夫的爱与保护心存幻想，没有料到的是，海尔茂看了揭发信后勃然大怒，大骂娜拉是“坏东西”、“罪犯”、“下贱女人”，说自己的前程全被她毁了。

僵持中，戏剧高潮发生了，柯洛克斯泰被自己的前女友林丹太太说动，决定做个好人重新开始生活，他退回了娜拉的字据。海尔茂的危机解除了，他立刻变脸，快活地叫道：“娜拉，我没事了，我饶恕你了，再来当我的小鸟吧。”

娜拉却不肯饶恕他，戏剧化的情节让她看清，丈夫在意的只是他自己的地位和名誉，所谓“爱”与“关心”，是在不妨碍自身利益的前提下顺便的给予，她不过是他的玩偶妻子。

于是，娜拉结束了自己的玩偶生涯，离家独立生活。

易卜生是世界近代社会问题剧的始祖和商人出身的作家，这部剧我看过不同译本，有点像一个男人写的婚姻寓言，难得的是，它很真实地描绘了婚姻与爱情在男人生活中的位置，男人面对危机真实的心理变化，以及一个婚姻中的女人从爱护、信赖到反思和顿悟的过程：和平年代，繁荣能够掩盖一切问题；生活略有分歧和波动，自立的资本就成了谋生的基础。鲁迅在北京女子高等师范学校做过一场《娜拉出走后怎样》的演讲，说娜拉的结局“不是堕落，就是回来”——当一个女人不掌握自己人生的控股权时，其他奢望都是笑话。

爱情和婚姻说到底是彼此的成全。

男人需要的走四方的时候，很多传统教育下的好姑娘都会对他们伸出双手：“亲爱的，去吧，我等待你。”可是，当女人需要的时候，有多少传统的好男人会对她们伸出双手说同样的话呢？

世界习惯了女人的退让和容忍，心安理得又润物细无声地收购着女人的人生股权。

我们对M的问题持续沉默，打破安静的是N，一位自己创业的女朋友。

她声音轻柔地说：亲爱的，你确实很想开店吗？如果你确定，你看这样好吗，和你老公商量一下，资金方面我们各出50%，我请公司企划部协助你选址开店和推广，你不至于没有帮手太忙乱，既能照顾家庭，也是我们的一项小投资，可以吗？

我不知道M会怎样决定，或许N给了她一个回购部分自己股权的机会。

而N，她不用咄咄逼人，也不用尖锐刻薄，她明白自己掌握着生活51%的控股权，所以能在生活的董事会上淡定微笑：这件事这么决定好吗，大家给点建议和帮助吧。

保持对自己的控股权，并且，和那个不总想着收购你的人在一起。

你值得拥有更好的生活

上学的时候，老师和家长都只会教育孩子：要谦虚，要朴素，不要骄傲，不要标新立异。

一旦你有什么想法，父母就会说：别的孩子都很听话，你哪里来的那些乱七八糟的想法。

结果长大了，发现那些就不好好穿校服的孩子，成了知名设计师。

那些特别有主意，特立独行的小孩，成了总裁、CEO。

难道真的坏孩子比乖孩子更优秀、更有出息吗？

与其说，个性张扬的坏孩子比循规蹈矩的乖小孩，更容易成功。

不如说，是因为张扬的人，更容易展示自己，有着更强的辨识度。

没有辨识度的年轻人，常常会遇到这样的境遇。

工作了很多年，可是升职加薪的时候都不会优先考虑他。

朋友圈非常狭窄，有很强的社交障碍，很难拓展自己的交际圈。

就算获得了一点成绩，也不太自信，对自我的评判价值很低，远远低过于他的能力。

这体现了国内教育当中缺失非常严重的一个环节，即过于强调规矩、规则、谦虚、听话，而没有人教育孩子，除了成绩，一个人最重要的是想清楚自己——到底可以拿什么来和别人较量？

如果你回答不了这个问题，一旦面对竞争的时候，没有辨识度的人，战斗值就特别的低。

一个人要想让自己能够获得和自己能力相匹配的人生，一定要学会找到自己的辨识度。

辨识度是一个人懂得经营自己的开始。

[形象上的辨识度]

朋友lancy长得清秀知性，但衣着特别随便，上班半年还是延续大学时代的牛仔裤、球鞋。她很苦恼，为什么领导似乎总是对她有意见，即便她已经非常努力。

我跟lancy说，人是很难忘记对别人的第一印象，你现在还是穿着牛仔裤、球鞋，这种穿着就会让领导判断你是一个——不成熟、任性、不值得信任的小孩。

很多优秀的职场人，起初都会穿着让自己显得更成熟的衣着，不是他们自己喜欢，而是成熟干练的套装，它会让你看起来更专业、更值得信赖。在这个基础之上，你再去找到那些可以展现你的魅力和个性的配饰。

很多人说，这是一个很专业的概念，我请不起专业的团队来为我打造，等我有钱了再说吧。其实，一个人，在初入职场的时候，遵循几个简单的原则就好了。

第一，穿得有质感一点，不需要很时髦，但一定要合身、得体。

第二，身上一定要有一样东西是贵的，也许是一只手表，也许是一双鞋，也许是一对珍珠耳环，也许是一支大牌口红，也许是闻起来很高贵的香水，它会让你看起来贵很多。

第三，选择一个颜色或某一种款式经常穿。我就认识一个朋友，她衣柜里都是白衬衣+黑裤子+金色配饰，久而久之，朋友们看到这种着装就会想到她。

具体示范案例可以参考《欢乐颂》《离婚律师》《傲骨贤妻》，虽然都是套装为主，但女主角的着装风格还是各有不同，有人喜欢用丝巾、有人喜欢戴首饰，找到属于你的那个标签化风格很重要。

[沟通上的辨识度：越害怕沟通，越没人帮你]

辨识度的作用是更快地让别人了解你、喜欢上你、记住你，愿意帮你。

因为，即便你是一个很有想法、很有内涵的人，你不去表达、不去争取，别人是不知道你很优秀的！

我就见过一个真实的例子。两个同学A和B，同时在一个行业的不同两家公司，另一个一年就已经成为小主管，年薪翻倍。

A跟我说，她能够快速提升的原因就是，她回主管的邮件永远不会超过十分钟。她从来不会把问题抛给主管，都会主动在邮件里尽量把她能想到的解决方法写出来，让上级来选择。

而且她看很多最新的专业书籍，总是会在邮件里用上最新的理论、最新的专业词汇，让领导觉得从她身上常常也能学到新的东西。

而B总是惧怕犯错，害怕和上级交流，主管让她做什么，她就做什么，从来不主动去提出自己的想法和建议。久而久之，领导也就觉得，这个人可有可无，只能做很基础的事。

我问A，难道你不怕犯错吗，不怕被指责吗？她说，我当然也害怕，可能够很快改正错误，不断提升，刷新领导对你的认知，就是一种辨识度。

所以，A总是能遇到帮助她成长的上司，而B总是在抱怨老板不够体谅她。

如果你自认为自己做了很多努力，有过很多成绩，但没有人记得你，那就真的要反省，是不是你也像B那样，没能让人记住你做过什么。

[社交辨识度：你为什么总是把天聊死]

很多人会问，难道社交上也有辨识度吗？

当然。

看看如今当红的明星，一定是有一些标签是能被人记住的。比如薛之谦，唱了这么多年的情歌，因为会写段子，结果一炮而红，成了最会写段子的歌手。

比如《我们来了》，每一个女明星都有自己的特色，像摄影师江一燕，穿着高跟鞋，拿着很重的相机，蹲着给大家拍美美的照片，很多人都会因此记住她。

再比如我们每天看朋友圈，你会发现那些很会经营自己的人，大家提起他们的时候，都会说：她跑马拉松可厉害了。她是摄影达人。她是育儿达人。她是美食家，找她推荐餐厅准没错。她永远都在分享最有价值的书。

这些特长和标签，就是一个人在社交上非常厉害的辨识度。他们很容易就拥有一个滋养自己的社交圈子，而且成为小圈子里的红人。

这样的人，即使和不是经常见面的朋友，大家见面也能很快找到话题，因为大家可以通过朋友圈了解他。甚至是领导，有共同关心的内容时，也会主动来和他们讨论。

可有些人的状态，你实在看不懂，他的情绪变化无常，完全不知道他在意什么、关心什么、喜欢做什么。

所以不要以为兴趣爱好专长，必须要发展成职业，才能是幸福。它其实是区别你和其他人到底有什么不同的利器！

否则你凭什么被人记住、被人需要、被人赞扬。

社交上的辨识度，是帮助你迅速找到同类的最佳方式，彼此也能很快进入更深的交往关系当中。

否则，两个人很可能在“嗯”、“好的”、“是啊”，这样的对话中，把天聊死了。

形象、沟通、社交，这其实是构建一个人这一生幸运度的三个维度。

不要羡慕别人为什么总是那么好运，他们其实在这三个方面，更早地领悟到一个道理：

世界上优秀的人那么多，大家都很忙，你当然可以慢慢等待其他人发现你有多好。可或许，这个过程中的孤独、冷漠、委屈、无奈早就击垮了你。

等不及去展现自己的优秀，你就已经被负面情绪拍死在了沙滩上。

[能被人记住，就是一种能力]

所以，成为一个有辨识度的人，绝不是为了别人，恰恰是为了自己。

因为，在成长的路上，如果我们能够通过努力，赢得更多一点的鼓励和支持，那么，为什么不呢？

否则，你很可能走着走着，渐渐就忘记了——你是一个值得拥有更好生活的人。

辨识度不是伪造，不是假装。

它只是让我们自己完成了那个雕琢自己的过程，而不是被动等待某一个机会来成就自己。

毕竟，这一生，说长也长，说短也短，十年时间弹指一挥间。

提升自己比钱更重要

有两个选择摆在你面前：

A：一份薪水丰富的基础工作，钱多事少离家近，也没什么挑战，工作内容简单重复。怎么有这样的好事？因为你年轻漂亮啊，并且，这是一个现在挺红的行业。

B：一个前景不错的学习机会，需要你花大力气提升自己，眼下收益一般，很可能是未来的风向——但也很难说，风向与未来这两个东西组合在一起是有变数的，万一不是你别打我。

三年为期，你选哪个？

呵呵，暂时不做这么纠结的选择题，咱们讲个故事先。

[胡蝶]

大概80年前，两个女人也面临了类似的选择，她们一个叫胡蝶，一个叫阮玲玉，都是当年最火的女明星。

胡蝶当时是邵逸夫哥哥邵醉翁创办的天一影视公司当家花旦，天一是当时最大的影视公司，但胡蝶觉得，“天一太过于从生意眼光出发，影片的娱乐功能多于艺术性，而且大多都在宣扬旧道德，不符合时尚潮流，即便目前拥有一定观众，但不能带给观众回味的印象。”

那时，作为天一公司长期签约的演员，她薪酬丰厚，每个月至少有70银元的固定工资，即便什么都不做，一个月也能买490斤猪肉。她主演的《白蛇传》《孟姜女》之类古装电影虽然艺术价值欠缺，但每一部都票房不俗，片酬高昂，如果转型，既是风险也是损失。

[胡蝶]

但是，她坚持寻找突破的空间。

胡蝶非常有语言天赋，会说流利的粤语、闽南话、上海话，而当时的电影演员以广东人居多，比如张织云、杨耐梅、阮玲玉等，所以，当电影从默片进入有声片时代的时候，明星们必须勤学国语，谁学得快学得好，就意味着拥有更多的市场机会和观众基础——就像现在的英语，要走向国际影坛，只会傻笑蹭红毯可不行。胡蝶幼年曾随父亲奔波在京奉线上，她姥姥是个北京旗人，多年来一直跟她同住，条件得天独厚，可是，为了精进，她依旧专程到北京拜梅兰芳为师学习普通话。

1931年，胡蝶主演了电影《歌女红牡丹》，是中国第一部蜡盘发音的故事片，她立刻成为“中国电影首位发声者”，获得电影史上不可取代的地位，而这些，除了知名度和影响力，与她下了苦功练就的无人能比的语言优势有关。《歌女红牡丹》红极一时，由明星电影公司和百代唱片公司合作录制，从这部电影开始，她离开老东家天一公司，戏路宽了很多。

除此之外，胡蝶系统学习过影剧概论、电影行政、西洋近代戏剧史和导演、化妆、舞蹈等十几门课，还有骑马、开车之类技能，所以，她的角色跨度很大，从卖糖果的小姑娘，到风尘女子、优渥少妇、反串男角都能从容驾驭，甚至52岁时还获得亚洲电影节最佳女主角。

这些看似折腾的努力，使她在“电影皇后”评选活动以21334票的最高票数当选。

[阮玲玉]

阮玲玉是当时唯一能够和胡蝶比肩的电影演员，胡蝶自己都承认：“论演技，我是不如阿阮的。”

可是，阿阮付不出她那份功夫。

因为拖着沉重的家庭负担，母亲年迈，初恋男友张达民嗜赌，她疲于奔命地挣钱。好不容易摆脱张达民之后，她和“茶叶大王”唐季珊恋爱，在爱情的幸福中不可自拔，每晚去最高级的舞厅跳舞，收到富豪一栋三层楼的洋房礼物，一切都特别像一个女明星的生活，嫁入豪门似乎是最短的路径。

可是，这段路却走得特别漫长。

富豪往往不会只有一个女人，花花公子唐季珊很快辜负她，前男友张达民持续勒索，她的演艺事业也受到严重挑战，天生丽质一口标准普通话的陈燕燕成为她重要竞争对手，她却依然是小报八卦版常客。

在明星这个行业，漂亮姑娘就像一波一波的浪花，前浪未必死在沙滩上，后浪就已经风起云涌。在距离25岁生日还有18天的时候，她对爱情与人生双重绝望，吞下安眠药，在唐季珊送给她的洋房二楼自杀去世。

[阮玲玉]

胡蝶和阮玲玉，代表了两类完全不同的女人。

胡蝶是“值钱”的女人，阮玲玉是“挣钱”的女人。

胡蝶愿意投资自己，她的投资并不是买几个名牌包、鞋、衣服，打扮得光彩照人，而是舍得花时间、精力学习本事，真正让自己增值。

阮玲玉热衷挣快钱，用自己的年轻、美貌、才华、身体去兑换真金白银，只是，再丰厚的物质也有耗尽的时候，何况只出不进，太年轻的时候就失去太多机会。

我们在道路上行走，看到的只是自己眼前百把米的路面、别人的脚后跟，以及不远处若隐若现的商店；我们在20楼的家里，入眼的是不近不远的雾霾，时隐时现的蓝天，熙熙攘攘的街道，和芸芸众生的头顶；我们靠在飞机的舷窗边，飞到云层之上，眼前绝大多数时候都是蓝天丽日，原来“不畏浮云遮望眼，只缘身在最高层”。

高度决定了一个人的眼界，和最终能够达到的位置。

增值让一个女人“值钱”，“值钱”之后再去“挣钱”，要容易的多，即便在增值的过程中付出了巨大的代价，迟早有一天你会发现这些所谓的“代价”不过是“零存整取”，存一个现在，收获几份未来。

而“挣钱”这个行为，几乎贯穿女人的大半生，除非你很早就幸运地实现了财务自由，可是，想学习新本事的精力、体力和动力，或许只存在于一生中的某些特定时刻，对于绝大多数女人，错过这些时候，今后可能再也没有机会：日益繁忙的工作，干柴烈火的恋爱，风调雨顺的婚姻，嗷嗷待哺的孩子，日渐抬高的发际线和降低的精力，都不再支持你那颗好学的心。

所以，在有条件让自己更“值钱”的时候，不要因为贪图安逸而放弃，少走的路以后会变成多吃的亏。

[娜塔莉 · 波特曼]

娜塔莉 · 波特曼13岁出演《这个杀手不太冷》大红，完全可以拍广告挣快钱，但这姑娘一直没有中断学习，对电影的选择也非常慎重，她甚至推掉了《洛丽塔》和《罗密欧与朱丽叶》的片约去参演舞台剧《安妮日记》，因为这是从未有过的经历，对演技有更深刻的磨炼。

2003年，她取得哈佛心理学学士学位；2004年，她在希伯来大学继续研究生课程；2006年3月，她以客座讲师身份在哥伦比亚大学讲授恐怖主义与反恐怖主义的课程，还引用了自己主演的电影《V字仇杀队》中的内容；2008年5月，未满27岁的她受邀成为戛纳电影节评委，同年9月，她带着她的导演处女作、21分钟短片《前夕》参加威尼斯电影节展映，还是这一年，她获得tccandler评选的全球最美脸蛋第一名。

或许，你还记得一个叫林妙可的中国小姑娘，百度百科上是这样介绍的：1999年7月1日出生于北京市，从小学习民族舞、钢琴、长笛和书法，并热爱舞台表演。先后参演了多部电视剧、电影、20多部广告和MV。她参加过的节目、新闻发布会的数量早已过百，最忙的时候每周都有通告。

现在的她，是这个样子：

在绝大多数人眼里，“女演员”是靠脸和青春吃饭、最不需要充电的职业，可是，依旧有“挣钱”和“值钱”的差别。

故事讲完了，回到我们开头的问题，A和B，你愿意选哪一个呢？

别辜负了努力奋斗的自己

端午节和一位朋友做房地产派单兼职，不是我这个人吃苦能干，是钱包里确实羞涩，摸摸口袋，几个钢镚碰得叮当作响。

我们的队长是个奔三的80后，戴一副黑框眼镜，白衬衣，短头发，整个人斯斯文文，一眼看上去就会给人留下好印象。

我们抱着一叠房地产宣传单，在一家小型超市门口溜达，人流稀少，我和朋友装模作样地向路人问好，抱着打打酱油的心态。所以大部分时间，两个人挤在一起，说说笑笑，摸旁边睡觉的哈巴狗尾巴玩。

管他呢，撑完一天给一天钱，我要不是买不起泡面了，谁在这当电线杆。

我看看陈队长，他和几个同事坐在街道的老树下乘凉，眼神迷离不定。可能是经常在这里拉拢客户，陈队长的脸庞被晒成了紫红色，皮肤黝黑。

朋友说，看，队长蹲点呐，就差一只碗了。

我哈哈哈哈地揪哈巴狗的尾巴。

队长人好，又健谈，我们为了偷懒就和陈队闲扯。我说，你每天这样挺无聊的，风吹日晒的，薪水又低的，还工作得这么认真。

陈队笑笑，说，是啊，即使很苦，还是要坚持工作的，即使看不清前面的方向，还是要努力拼命的。

我和朋友的大学生活空虚堕落，早上睡到自然醒，晚上打牌玩游戏，时不时地去旁边的小吃街狂吃海喝。所以对他所说的那样拼命的努力生活，即使赞同和认可，也是无法感同身受的。

我们都知道生活难过，但年轻时都是情绪上的难过。具体难过的对象是什么，你也说不清。社交圈里发一张自拍照，配句抄袭来的两句呻吟，巴不得让全世界都知道，哎哟妈呀，我今天难过了，好难过啊好难过，你们快来安慰我啊。

我们明明听过很多大道理，见证过太过不堪的人生，生活中的重担和压力比什么都难过，可我们就是不懂。

陈队说，不是不懂，是因为太年轻，是因为没体验，没体验就没有概念，没概念就不足以对你构成压力和挑战。

陈队毕业五年，在一所二流的师范类学校学习营销，转过几所大城市，跳过几次槽，但总感觉从一个槽里跳出来，就跳入了一个坑。典型的苦男，房子是阴暗狭窄的廉价租房，车子是公交车，偶尔打的都心疼得不得了。女朋友很现实，说要买得起房子再考虑结婚。

我想，日子本来就如此的苦，但陈队还是要毫无终点地继续苦下去，这该是怎样的苦啊。

陈队所在的房地产公司，门面小，所以升职无望，假期加班加点。薪水去了一个月的房租钱和生活费，连给女朋友买盒面膜都是奢侈。

但陈队依然毫无松懈地做着自己的本职。衣服皱巴巴，但洗得白白净净，皮肤晒得发紫，但嘴角常常挂起的笑容从不向生活妥协。前途看不清方向，但奋力狂奔的人，会稀释周围的迷雾。路走错了，可以换一条，目的地看不到，但挪出的脚步，就会让你比停步不前的那个自己更好一点。

不是你非走不可，是困在原地，就会永远迷失。

陈队说，在这所小公司工作，看不到未来和希望，所以干完一个月，就会辞职另谋出路。他说这话的时候，脸上刚毅，沉着，看不到一点寒酸和无望。

我们临走时，陈队给我们建议和教导，以后出来工作面试，不要听一些小公司忽悠说，会锻炼你的能力，薪水才最重要。但不管怎样，你都要不断地努力，大道理谁都会懂，可你们还年轻，有些事情没有经历，所以还是不懂。

我能想到陈队刚毕业时，和大多数毕业生一样，胸中充满了理想和大志。但如今，陈队努力的一切方向都很简单，有自己的房子，有车子，有老婆和孩子。

想想是这样的简单，又那样的艰难。

我知道，如今的陈队不是物质和现实，是生活在他身上改变了很多东西。它会磨掉你身上的棱角，或大刀阔斧，或小修小补，但一定会让你朝着适合社会的方向发展。

而时间会解构很多东西，包括爱情，包括情绪，包括对所有事情的理解和定义。

而最后你成为的那个人，一定会是比原来的那个自己更努力，更优秀，更懂得奋斗的定义和意义的人。

我知道你难过，我们都难过，所以要拼命地去过。

我知道你想哭，我们都想哭，所以要拼命地忍住。

奋斗的意义，不在于一定会让你取得多大的成就，只是让你在平凡的日子里，活得比原来的自己更好一点，让你与生活少一点妥协，让你有力气保护一切你喜欢的东西，让你对一切美好的事物力所能及。

更重要的，拼命地去努力，才让你在最美的韶光里，你为了成为最好的你，没有辜负努力奋斗的自己。

你的努力会让你人生的质感完全不同

[1]

我的老闺蜜是个衣服控。年过三十的她，如今指导起少女们的穿衣道，最惆怅的一件事就是：看起来两条黑色的裙子，小姑娘们总是瞪大双眼觉得那是一样的。

这个时候，她就会恨铁不成钢地跳起来叫：你伸手摸一下！摸一下！它们不一样！这是质地完全不同的两条！所以它们的价格才千差万别！而你们总是只顾着去买那条看起来一样的！便宜的！

这个举动，让我想起在吴哥窟旅行的时候，当地的华语向导看见我左手拿着伞，右手端着相机，和那些石墙保持着矜持的距离，遗憾地摇头：Miss，你不要只用眼睛看，你伸手摸一下，会得到完全不一样的感觉——质感。

伸手的那一刻，我这个Miss发现，那种冲击感是质感。人类的皮肤原来是造物主如此神奇的安放之处，指尖触碰的那一刹，仿佛有时空隧道回到这一砖一瓦的盛世。

石墙有质感，裙子也有。

一旦有了切肤体验，就会发现，很多看起来一样的事情，完全不同。

一个女人还是小女生的时候，挑衣服的品位从哪里来？从眼睛。看颜色，看款式，从那些直击眼底的蝴蝶结，扑面而来的热闹蕾丝花边，就决定了我们是否喜欢这件衣服。

可是成年之后，再熟透十年，就会发现，挑衣服的决定力来自于触感。同样是一条黑色的裙子，绢丝，棉麻，化纤，带来的手感和垂度是完全不同的。

质感是岁月的教训。一度迷恋全棉，后来知道，即使是棉也有千差万别，因为密度和支数不同，就决定了它可以是一件版型挺括的，穿三年也不会过时的T恤，还是最后被揉成一团丢进垃圾桶的睡衣。

扮靓没有那么容易，每件衣服，因为质感，都开始有了她的脾气。

从此理解了为什么轻熟女们冬日里，只想躲进低调而沉默的双面绒大衣；初夏，不舍如巧克力般丝滑的吊带真丝衬衣。

[2]

那夜，朋友的啤酒吧在盛夏的夜晚开业，邀我和朋友们前往。酒过三巡，和另外三个30+站在门口吹风，酒正酣夜正浓，结果有条“小黑裙”还是觉得辜负，说了一句：这种时候，真应该穿条真丝吊带大露背裙子来的嘛……

她大概是想起这微凉夏天，真丝般的触感，划过自己的皮肤的那种体验，那是“正当年”的体验。

那只不过是一件衣服的质感，却带来岁月的不舍。穿上它，去见谁，两个小时的内心戏比电影还要热烈。

至于颜色，安静就好。

至于款式，明朗就好。

因为知道，那些安静和明朗背后的质感，才是心里的永垂不朽。

罗愁绮恨啊，当然最是隐痛，张爱玲的笔下，孙用蕃嫁给她的父亲做填房，带来满满两大箱旧衣服给天才继女——成了这继女此生咽不下去的气。后来，她这一生，和她的母亲一样，都把自己活成了一件精贵而孤独，却虱蚤横生的皮袍。

所以，不要小看女人们的衣服，那不仅仅是她们的衣服，那是她们的人生啊。人们本也喜欢用质感来形容女人不是么，如同男人都期盼着女人温柔似水温润如玉。可是这时代，放眼望去，都是铁骨铮铮铿锵玫瑰。

如同有个女人说：我就是觉得男人靠不住。

那天她说了很多要靠自己的话，可我依然嗅到一丝孑立和孤苦的气味。

换作以前，我会劝她。因为以前我着实不喜欢过于铿锵的女人。因为我认为过于依附男人，和咬牙拼死不依靠男人都是一种病。前者让我们失去尊严，后者让我们失去暖意，如同没有骨气的廉价棉，和没有温度的不锈钢。

[3]

可是那天我突然释然——如果你要做“妾心如铁”的女人，那你就去做。每个人最终都要选择一种立足于世的姿态，陶土有陶土的意义，丝棉有丝棉的姿态。

只不过，如果选了那种，就要坚守那种材质的特性。从此，就不必羡慕绢的软弱，丝的犹豫，也不必羡慕她们的依附。

如同我们都为什么那样喜欢《欲望都市》里的四个女人，因为夏绿蒂是带着一丝淑女保守气息的天鹅绒；米兰达是硬挺的亚麻混纺西装料；萨曼莎是永远带有一点未来的金属光泽感的hard模式，她们，各自坚持了自己的质地，呈现了自己的态度。她们并不遗憾自己没有成为另外那一款。

有时候我会和同样喜欢这部剧的人开玩笑：所以，十年过去，在你们心里，我长成本土版的凯利了吗？

朋友们居然都有点小激动，是的是的，你不觉得嘛！你成了专栏作家了！爱买衣服和名牌包的作家！

是我喜欢她，所以情不自禁地走向了她？还是，同样爱穿衣服，就情不自禁地，就把自己走向了去成为某种质地的女人。

只因作家这个职业，也是设计师，是文字的设计师。拿着三千常用字要书写众生，和那些要见识大量的材料的艺术品设计师一样，眼睛去观察，然后用手指去摩挲，将那种感触记录在心里。决定舍弃哪些，留用哪些，然后这种材质，可否传达出他想要的，艺术的质感。

所以，凯利是什么材质？我自己是什么材质？

但我想这并不重要。麻后来成了纱。土后来成了陶。铁百炼之后，成为钢。

这变化之间，远远比材质本身，更有深意。

你美不美，看你的生活态度就知道了

[1]

我家楼下有家馒头店经营了十多年之久，老板和老板娘每天早上4点半就起床揉面，和面，蒸馒头。

但已是中年的老板娘特别好看，你根本就从她的姿态和面容里，看不出经营生意的艰辛和疾苦。

每天早上老板娘会在蒸好馒头后，在卧室里花上15分钟化个淡妆，将惺忪的眼角化上褐色的眼线，在苍白的脸蛋上抹上腮红，还会在嘴唇上抹上口红，整个人看起来特别精神。

有一次我起床很早，6点过到她家买馒头。老板娘不算精致但经过描摹的脸庞，让人一看就有好心情，有一种赏心悦目的美。并且老板娘总是微微笑，说话声音不大但特别温柔，会让你在一早的迷糊中瞬间缓过来，感觉美好的一天就从此刻开始。

有一次当我问老板娘，你这么早起床还有心思化妆？再说了早上正是最忙的时候，你不怕耽误生意？

老板娘说不会啊，我每天早上会早起15分钟。再说了你知道我们早起卖馒头的人其实特别辛苦，通常自己照镜子都觉得看不下去，尤其在感冒生病还必须起床时，更是一副病态，但每天化个妆，就遮掩了身体的疲惫，自己看着好看，老公看着好看，顾客看了也不至于太丑呀。

其实一个人的生活态度也可以在她的容貌里体现。一个积极乐观，对生活认真负责的人，绝不会允许自己将糟糕邋遢、不修边幅的面容展示给别人。

因为让自己美丽，哪怕是在容貌上给自己一些美的打扮，也是一种积极的生活态度。

无论任何人，即便生活在社会的最底层，但你依旧拥有选择生活态度的权利，当你的态度积极、自信时，你的生活自然就会美下去。

[2]

我家院子里有个张婆婆，年纪有些大，可依旧特别注意自己的穿着打扮和言行举止。

跟其他同龄的婆婆相比，她总是显得特别年轻。

张婆婆老伴儿去世得早，如今她是一个人生活，偶尔儿子带着媳妇回家看看她。

为了保持身心健康，一个人不至于闷闷不乐。张婆婆报名加入了老年人大学，上午学画画和瑜伽，下午学舞蹈和音乐。空闲时候，还参加社区组织的各种文艺演出。

由于长期接触了很多艺术的熏陶，她人也变得特别开朗，她总是特别喜欢笑，即使已是皱纹满面，也丝毫不影响她笑起来时给人的温暖感觉。

前几年她突然就长胖了很多，为了防止过胖导致身体不适，她坚持饭后散步，每天到市区里的中心广场跳交谊舞。由于长期运动，她的脸色逐渐泛有血气，腿脚也灵活了，舞姿的练习让她成了一个“背影女神”，整个人看起来健康又美丽。

岁月沉淀在她脸上的是慈眉善目，温言细语般的修养和仪态，多年兴趣爱好让她拥有一个好身材和体态。

在她的神态、姿态、语态里你看到的是一个对生活充满希望和热情的人，年龄已老但心态不老，无论到什么年纪也总是希望呈现出由内而外的美丽。

演员俞飞鸿曾说，人最开始老是从心老的，皱纹与青春有关，与美丽无关。

在生活里，那些外表看起来很好看，同时非常有修养的人，总是有着一个豁达的生活态度。岁月不饶人，尤其不饶女人，但一个人拥有了良好的心态，有一个好的生活态度，无论在哪个年纪，你依然拥有美丽。

年龄从来不是你不需要打扮和提高自我形象的借口和理由，生活态度美的人，年龄从来不会限制她们展现出优雅、精致的美丽。而若你的生活态度不够美，即使再年轻，也不会让人赏心悦目。

[3]

我认识一个单亲妈妈，每天带小孩出门都会将自己和孩子打扮得漂漂亮亮的。

丈夫早年出了车祸，所有压力完全由她一个人扛着，既要赚钱养家，又要带孩子，辛苦程度自然是不言而喻的。

但她从不向别人抱怨自己的不幸和痛苦，反而是越发地努力做好自己。

每天她总是笑容满面地出门上班，回到家以后，也长期坚持温水洗脸。当晚上孩子睡觉时，她再累再疲倦，也要敷面膜，有时候是用自家种的芦荟，有时候也用超市买来的黄瓜，这些东西不贵却是天然的美肤品。

她为了节约，衣服其实特别廉价，但出门在外她一定不会随便着装，穿着拖鞋和睡衣就出去，而是尽量在有限条件下做到干净整洁，端庄得体。

就是这样一个坚强独立且从不放弃自我形象的女性，生活并没有击垮她，她把那些用来顾影自怜的时间用来充实自己，提高自己，一个人带孩子固然精神和经济压力非常大，但她为了能在生活必要的开支外，努力为自己争取一些额外的收入，一部分用于提高外在形象，一部分用于报各种培训班学习新知识。

她说，再忙再难，或是再迷茫再痛苦，都不能动摇我要认真过好当下每一天的习惯，因为我知道，女人到了一定的年纪，容貌漂不漂亮，其实就来自于对某些生活细节与习惯的坚持。

你的形象里，藏着你的生活态度。一个积极的人，总会希望通过各种细节来体现自己的涵养和美丽。如果说内在形象决定你美丽的高度，那么外在形象就是你出门在外的第一张名片。只有内外兼修，才能一直美下去。

有人说，世界上没有丑女人，只有懒女人。的确如此，二十岁的容貌是父母给的，四十岁的容貌是自己给的。丑和美与其说是一种形象，不如说是两种生活态度。

[4]

一个人的形象除了外在的容貌，其实还包括你的气质、神韵、内涵是综合素质的体现。

从外在来看，一个总是懂得节制和克制自己的人，为了皮肤，可以少吃辛辣食物，为了形体的美丽，可以长期坚持运动和跑步，为了容貌，可以坚持早晚护肤和化妆。

他们的生活习惯里，有一种对美的坚持和热爱，这样的生活态度，即便不会让一个人美若天仙，但态度美了，容貌自然会有良好的改善。

从内在来看，一个人的气质，其实是从你读过书，看过的报，走过的路里体现出来的。

奥黛丽·赫本曾说，若要优美的嘴唇，要说友善的话；若要可爱的眼睛，要看到别人的好处；若要苗条的身材，把你的食物分给饥饿的人；若要优雅的姿态，要记住行人不只你一个。

20岁的女孩拥有青春和朝气，30岁的女性拥有气质和美丽，40岁的女人拥有从容和淡定，50岁的女人拥有豁达和通透。

岁月其实从不是阻碍美丽的绊脚石，如果你拥有一个积极的生活态度，努力经营好自己，那么岁月只会是你追求美丽路上的垫脚石。

你的形象里其实就是你生活态度的体现，你的一言一行，一颦一笑，一伸手，一抬头，其实都饱含了你的生活态度，是它们长期浸润的结果。

你美不美，好不好看，漂不漂亮，看你生活态度就知道。

优秀的女孩大多相似

我的身边从来不乏优秀的女孩子，她们不尽相同，她们在不同的地方都闪耀着自己的光芒，但是他们身上都拥有一些共同的优秀品质。这些品质不是一时半会就能养成的习惯，是她们在过去的岁月里一点点慢慢养成的。

[坚持]

在这里想讲一个师姐的故事，虽然我并不知道这个师姐的名字。这个师姐经常穿一件枚红色的裙子，戴着眼镜，扎马尾，身材很是匀称，我想这和师姐坚持跳绳有关系。

暑假借住在研究生师姐寝室的时候，每天晚上九点半左右就会有一个师姐在楼道里跳绳，我上班晚归的时候会遇到她在跳绳，我出门跑步的时候会看到她在跳绳，我搞卫生出门扔垃圾的时候还是会看到她在跳绳。整整两个月的时间，每天她都在跳绳。

后来我搬到五楼自己的寝室去了，就不怎么看到这个跳绳的师姐了。后来又几次上楼去找师姐有点事情，还是会看到她在跳绳。

我不知道这个师姐坚持跳绳有多长时间了，但是我想她还是会坚持下去的。总是会在心里暗暗佩服这样的女孩子，一个可以每天坚持跳绳的女孩，我想以后很多事情都不会难倒她的，只因为她是一个会坚持的女孩子。

[对自己狠]

我一直都自诩是一个对自己狠的女孩，有时候狠到会自己咬自己，虽然听上去更多像是在自虐。但直到遇见我的大学同学，我才知道我远远不是对自己狠的那个人。

一开始W姑娘想要找工作，结果找实习不是很顺利。如果W姑娘早点争取的话，保送北大直博是完全有可能的，现在W姑娘留在本校读研。

我知道她是一个很追求完美的人，因为我一直做不到追求完美，因为我觉得太累。但是我后来才知道她对自己有多狠。有时候压力大到受不了的时候就去跑步，可以一口气绕着操场跑十五圈，我一直以为自己跑十圈就已经很厉害了呢。跑步不行，就去沿着东湖暴走，暴走一个上午回来，让自己全身被汗浸透。

大学四年，W姑娘每天都是六点多起床，这对于我这个爱睡懒觉的人来说，实在太可怕了。或许因为这样的努力，W姑娘寝室的四个妹子全部保送研究生。

其实坦白讲，我有时候蛮怕这样对自己狠的姑娘，因为你永远不知道她们可以承担多少可以做到多狠。但另一方面，我又很是心疼，所以如果有一天你遇到一个对自己狠的姑娘，请努力对她好。

[爱记录]

意识到爱记录这一点，是我刚进入大学的第一年。由于高考超常发挥进入一所还不错的大学，然后发现身边每个人都是大牛。因为他们都是考差了去不了清华北大才来这里的，搞得我都不好意思讲我高考前的目标学校了。

大家都很爱记录，什么事都会带个小本子做记录。以前在我高中的时候不是身边所有人都有这个习惯的，到了大学发现身边的人百分之九十都有这个习惯。

这里的记录当然可以是很多事情，自己的心情像写日记一样写下来，每天琐碎的事务，想到的某个好点子，记录每天的开销做账本，一段时间看过的电影、图书，阅读图书的读后感，旅行的游记攻略，拍照片做影集，列个歌单记录自己听过的歌或者喜欢的歌，用画画的方式记录生活的点滴，等等。

有个高中同学，以前是一个胖胖的姑娘，肉嘟嘟的那种。现在都成了性感美女了。一直坚持锻炼，瘦了很多，是很健康的那种瘦，每天可以看到姑娘在微博上记录自己的早餐，都是超级健康，每次看到我都是羡慕不已，一般我的早餐都是在路上狂啃瞎吃点就好了。渐渐就看到这个姑娘的微博人气越来越高，都快成网红博主了。

现在想想，古人诚不欺也，好记性不如烂笔头。当然现在记录的方式多种多样，也不再局限在本子上书写。

[能够独处]

这一点我个人觉得蛮重要。记得以前有个很火的文章说，世界上有两种人，分别是内向的和外向的。内向的人在和别人相处的时候，是在消耗自己的精力，只有自己独处的时候才是精力的恢复。而外向的人就不一样了，他们在和他人相处的时候，是在获取精力和能量，自己独处的时候则是在消耗精力。

那我自己的观点则是，不管是内向的人还是外向的人，都需要自己独处。但需要讲明的一点的是，独处不代表孤僻。就像过去有一段时间，我经常会对把自己定义为一个喜欢热闹也享受独处的人。

我的初中老师讲过，学习是一件需要耐得住寂寞的事情，只有耐得住寂寞，方能有所成就。这句话影响了我很久，后来每当觉得学习很艰难的时候，我都会想起班主任老师的这句话，并鼓励自己坚持下去。我想老师讲的学习，并不只是学习考试这些，而是一个人努力去自我提升的过程。

想到独处，就让我想到以前同院系的一个姑娘，就叫她×姑娘吧。我和×姑娘有过短暂的一段时间同班，军训的时候一起聊天，才知道×姑娘高考时全校第一名。想想也是，能够进入这所大学的热门院系，能有几个不是全班前几名呢？开学还没过一个月，×姑娘就转到中法ACCA班去了，我能说当时的我都不知道这是什么班么。大学四年，经常看到×姑娘一个人，泡图书馆，ACCA的学习压力很大，要考证。

×姑娘是有男朋友的，高中同学，高中就在一起了吧，大学异地四年。现在两个人去澳洲留学读研，×姑娘在墨尔本大学。现在偶尔会看到她在微博上秀和男朋友的幸福生活，也无非是两个人周末一起逛超市采购做饭的事情，但满眼里都是幸福。

我想每一个能够独处的人，都是耐得住寂寞的，经历过一段十分孤单也痛苦的岁月，但是能够一个人走过和经历这些，并慢慢学会享受独处，那你一定会从独处中有所获得。

以上讲到的这些姑娘身上，真的有很多相似的地方，我也只挑了她们身上的某一个点来讲。虽然不能保证拥有了以上这些好的品质，就一定会是一个好姑娘，但是你如果做到了以上这些，你一定会更好，越来越好。

做到让自己进步，让别人舒服

[1]

很多人看到“原则”这个词，马上就会联想到死板，其实非也。

为人处事有原则的人，往往都有自己的做事风格和较强的自我约束力，并且在这过程中，不会让其他人觉得不舒服。

在我初中时，有一位叫李哥的英语老师让我们印象特别深刻。我们喜欢他不是因为他教得好，而是因为他每一节课都能准时准点下课，没错，是每一节课！

你可能会反驳我说，准时下课的老师还不一定负责呢。

但是李哥却是那种相当负责的老师。有一次和朋友去办公室请教李哥问题的时候，无意间聊到了准时下课这个话题，我和朋友就开玩笑说：

“李哥，我们最喜欢上你的课了。上其他老师的课，有时候连厕所还没上就接着上下一节课了，憋都憋死了。”

本以为李哥也会调侃我们，可是他突然变得严肃起来，说了一段至今为止都能让我内心触动的话：

“按时下课是尊重学生，也是对我能力的一种检验。课没有在规定的时间上完，说明是我备课不足，问题出在我的身上。那么，既然是我的问题，我就不能因为我的原因来占用大家的课间休息时间。按时下课，这是我的教学理念之一。”

按时下课，不仅是李哥的教学理念，也是李哥的做事原则。既尊重了别人的利益，又反思了自己的不足。这样的老师，真的让人心生敬佩。

在我上初三时，李哥成了初中组的英语年级组长。

“按时下课”千万不要理解成到几点钟就一定要做什么样的事，那是恪守成规。

另外，如果你不去思考严格遵守一件事对自己有什么积极的意义，对自己的未来有什么帮助，对他人会不会有不好的影响和造成困扰等等，那这件事对你来说，就是死板和机械性的重复而已，没有任何的原则和魅力可言。

[2]

大学时，有一位宿友十年如一日地坚持做一件事，雷打不动，这份精神让我们十分的“佩服”。

他玩的那款网络游戏，每天晚上12点到凌晨2点都有特定的任务和活动。不管他每天在外“奔波”了多久，到了晚上这个点，总会准时准点地完成“任务”。

起初大家不熟，也就没多说什么。过了一段时间，变本加厉的他还打开了游戏音效，闪烁的屏幕加上嘈杂的音效，已经严重影响了其他宿友的夜间休息。

后来大家终于忍不住了，集体和他提意见。他却说：“这是我每天一定要做的事，我开小声点就是了！”

不耐烦的语气和自私的行为，让大家慢慢地对他失去了所有的好感。

虽然这位曾经的大学宿友十年如一日地坚持做一件事，但是这件事既对他人生没有一丁点的帮助，也对别人的生活造成了困扰。

在集体的环境下，以自我为中心，除了不守规矩和自私，也相当的死板。即使他再坚持，也不过只是在人生的路上做无用功而已。

损人不利己的事，怎么讲都算不上是有原则。

[3]

在生活当中，也许会有人对你说，你做事怎么一点原则性都没有。

这个时候千万不要马上盲从别人对你的“原则性”要求，因为别人说出这句话的时候，出发点是以他为中心，并且大部分时候，是在他的利益基础上说出这句话的。这时候你需要仔细地判断他说的是否在理，是出于客观评价还是出于他自己的私欲。

真正有原则的人，有独立思考的习惯，不会人云亦云。

有很多人说，为人处事有原则是一门大学问。因为有太多的功课要做，有太多的细节要注意，还有很多的利弊要取舍。

其实并没有那么复杂，简单来说就是：让自己进步，让别人舒服。

对自己制定各种要求，让专业技能有所提升，让生活习惯有所改善，让人际交往能力有所提高。另外，在做这些事的时候，不要触犯到别人的正常生活和合法利益，并且让他们感受到安心和舒服。

所以说，能做到让自己进步，让别人舒服的人，往往魅力十足。

永远不要放弃你真正想要的东西

[1]

昨天傍晚，有人在朋友圈发了张夕阳的图片，上面写着：唉，又一天。

言语间，仿佛充满了无力感。我在下面留言问：怎么啦？他回复：感觉一天什么都没做，就过去了。

其实，发出这种感慨的人很多。

我老公有一个远房表哥，也是我小时候的邻居。

他每年春节都来看我婆婆，每次来了都会叹息：唉，又一年。

第一次听到这样的叹息时，我问他什么意思？他说自己曾经是个“文青”，梦想就是业余出几本书，可工作后，每天下班就往沙发上一靠，什么都懒得做了。

一年又一年，年年是白板。

老公的这位表哥，曾是我少年时的榜样。

我记得母亲不止一次和邻居们议论起他，都是满脸的羡慕。那老谁家的小谁，考上了大学，真了不起，以后前途无量。当然，“前途无量”这个词是我总结的，一群家庭妇女说的话太散，大意就是这几个字。

我们两家住的虽然相隔不远，但不是同龄人，他对我没有多少印象，倒是我很清晰地记得他。

小时候的夏天，我们全家经常在有过堂风的大门过道里吃饭。他有几次从我家门口路过，父亲总是望着他的背影对我说："你要好好学习，以后像他一样有出息。"

一别经年。

我结婚时他竟然参加了，才知道他和我婆家是亲戚。

他虽然有些发福，但眉眼依稀，我一眼认出。

他说自己大学毕业后分配到一个事业单位上班。一份轻松的工作，拿着撑不着饿不死的工资，下班打打麻将，看看电视，也想做点自己喜欢的事，可总也没有付诸行动。日子就这么重复着，这些年，仿佛就过了一天。

想不到，我和他会以这样的方式重逢，我对他的崇拜像个扎破了的气球，"噗"的一下瘪了。

而这些年，我一遍遍听他说那句"唉，又一年，再想干点啥都晚了"，我对他早就从崇拜变成了失望。

今年，他搬了家，住在我家对面的一个小区。

我离单位近，有时候步行上下班，很多次在路上遇到他，骑着电动自行车，穿梭在滚滚车流中。他的皱纹，他的花白头发，他木然的表情，告诉我，他的日子应该是一潭死水，毫无生气。

通过他的模样，我能看出他这些年一直处在刚毕业时的起跑线上，从未移动。一个偶像，竟然一生庸庸碌碌，浑浑噩噩，懒惰不前，这是令我最泄气的地方。

我希望的是一个，哪怕曾经目不识丁，但通过努力已有丰盈人生的榜样。

[2]

记得几年前，总经理带我们去一家供应商那考察，据说是国内有名的民营企业。

接待我们的是几位副总，总经理去欧洲调研市场去了。

2000多亩地的厂区，走了半天也没转完。餐厅、宿舍、产线，每到一处，我心里都会涌起一个大写的“赞”。到处都井井有条，看得出管理非常精细化。

中午吃饭时，我们聊起这家企业。

简直太让我震惊了，这家企业的老总那年已经六十二岁，他在五十二岁的时候，从一名兽医改行，如今把公司做这么大。

那家企业的宣传栏里写着一句话，我一直深深记得：如果你想飞，今天就是起点。

那时的我，正在给一些报刊投稿，焚膏继晷，按编辑的要求修改了一遍又一遍，依然经常被退稿。我心里打过无数次退堂鼓：算了吧，又不是没有工作，都三十几的年龄了，干吗非要跟自己死磕。

而那一次考察，恐怕收获最大的人应该是我——从此不再纠结，哪怕退稿再多，也坚持写了下去。

[3]

其实，这个世界，有多少人每天都想着改变，晚上睡到床上的时候，雄心万丈，醒来又是重复的一天。

曾经在微博上看过一段话：别抱怨，别自怜。所有的现状都是你自己选择的，抱怨能说明什么呢？除了你什么都想要的贪，还有你不想做努力的懒。

是啊，一年又一年，时光悄然流逝，你增长的却只有年龄。对命运不甘，却又不肯用行动去改变，只好一年年长叹。

唉，又一天，又一年，一辈子完了。

朋友，一天很短，短得来不及拥抱清晨，就已手握黄昏。一年很短，短得来不及细细品味，就已冬日素裹。一生很短，短得来不及享用美好年华，就已经身处迟暮。我们总是经过得太快，而领悟得太晚。

而“年”，只是时间的节点，并非人生的节点。

永远不要放弃你真正想要的东西，等待虽难，但后悔更甚。

不要无数次垂头丧气地叹息：唉，又一年。而应在实现梦想的路上，自信从容地大声说：嗨，新年，我来了！

改变，从现在开始

每年的一月我都非常矛盾，不能接受自己又老了一岁，就像不能接受吃到一半的小龙虾被人端走了。混蛋！还我小龙虾！还我时间！

但我又暗自地期待新一年的到来，仿佛每一年我都是这样。我总觉得新的一年我就可以转运，我就可以重新洗牌，我就可以从头开始，我就可以焕然一新。

于是在这样的循环里，我走过了一年又一年。

有那么好几年我都在年初时信誓旦旦，在年末时黯然神伤。

好在最近我逐渐摆脱了这样的状态，尽管每次老一岁时，我还是有小龙虾吃到一半被人端走的感觉。

曾经无比焦虑时，我上网搜所有的能用得上的资料。我买了四本单词书，我在人人搜集各种有用的资源，我下了很多的电影，我下了很多的演讲稿，我把有用的图片单击右键另存为。和我的好基友开始自己的计划：每天背一百个单词，每周看一个公开课，每周看一本书。为此我们做了万全的准备，甚至做好了互相惩罚。

比如如果我少背了两个单词，他就会在我脸上涂鸦然后拍照……我心说我走的是偶像派好吗！怎么可能让你这么做呢！然后那两个月里我被他拍了10次。

不要想看到这些照片，已经全数被我摧毁了。

我的好基友也是这样，他因为电话从没断过，就把自己的计划一拖再拖，然后就没能实现计划。

因为这事儿他特憋屈，最后归结于这是整个宇宙并不想要他学习，他应该顺应宇宙的意思。因为他说这话的时候太过于一本正经，所以我居然顺着他的意思点了点头……

我们两个是个绝好的例子。

绝好地明明有下定决心改变，却没有动力把计划实施到底的例子。

我们想改变世界，但我们连改掉自己深恶痛绝的习惯都改不掉；我们想要出去旅行，却连下楼买菜都懒得走；我们想要精心看几本书，却连翻开第一页的勇气都没有。

这还不是最可怕的，最可怕的是你开始了，却又坚持不下去。

因为你觉得自己努力过。你买书了，你下载了，你看了公开课，你开始背单词了。事实就是你有努力，你有开始，只是没有达到自己想要的进度。没有行动力的后果便是拖延，拖延让你第二天的任务猛增，越拖下去就越危险，它会让你开始抱怨不公平，开始觉得时间不够用进而产生焦虑，最后消磨你的斗志，打击你的信心。

于是我们被卡在中间，我们不愿意就这么下去，但又找不到改变的办法；我们不甘于现状，又没有足够的能力摆脱困境。也不是没有努力，只是不知道努力去了哪里。

信誓旦旦有多容易变成说说而已呢，大概就像你说“新的一年我一定要改变”一样那么容易。

只是改变又哪是那么简单的事情。

我曾经是个极度焦虑的人，因为焦虑所以拼命赶路，因为拼命赶路反而忘了自己要什么。我翻山越岭，从不曾看风景；等越过山丘，才发现空无一物。

我开始明白收集从来不等于了解，我下载了无数资料，我买了很多本书，不去看不过等于白纸一张。我那时事事要求结果，看书就得挑大家都说有用的看，拼命地想从里面找到捷径找到哲理；做事就得挑回报大的事情做，拼命地想要去得到某个结果，却发现到头来什么都没得到。

于是我开始强迫自己随手拿起一本书看，不管是谁写的，只要是我当时买的，不管别人说看这样的书有没有用，我都开始用心看。慢慢地我发现一周看一本书，其实不是什么遥不可及的事情。于是我开始强迫自己每天都坐在电脑桌前，思考一些东西，不管那些思考到底能不能成为文字，我都要沉下来。慢慢地我发现成了习惯之后，沉淀并不难。

最难的是养成习惯前的那几天，我强迫自己不看手机，手机的唯一用途就是放歌。朋友圈不刷微博我也不看，我对自己说两小时不看手机又不会少块肉，只要你这两小时内看了手机你就会永远吃不到小龙虾。没想到这样的心理暗示极其有用，慢慢地就习惯了。

建立信心的最好办法，就是去做那些让你头疼的事；打败焦虑的最好办法，就是去做那些让你焦虑的事。想象出来的困难，总比实际遇到的困难难缠。刚开始做时都会觉得困难，给自己设个时间期限，在这个时间内不管怎么样都要试试，很快你就能发现其实自己也能投入其中。

自己不改变的话，新的一年也只是之前的重演。想去的地方没有去，想谈的恋爱没有谈，想做的事还是没有做。日历一页页翻，时间一点点走，可你困在原地。等待也好，迷茫也好，都不要把自己留在原地。新一年不代表新的开始，如果你没有行动；只要你下定决心，每一天都可以是新的开始。

所以不要再说新的一年我一定要改变，不要再去列烦琐的计划，从现在起，此时此刻就改变起来。

说说而已都很简单，我们都不能这么委屈了自己，配不上所受的苦，又辜负了自己的野心，不上不下最难受。那么就去做一些很牛的事情吧，比如改掉你最痛恨的一个坏习惯，或者做一件自己很想做却没有做成的事情。

不要忘了断舍离

当父母生病的时候，

你不会因为没钱而窘迫害怕；

当你遇到喜欢的姑娘的时候，

不会因为面包而迫不得已放弃爱情；

人生从来没有后悔这个说法，

只是有些东西错过了就变成了不能挽回的遗憾。

你要眼前的诗，还是远方的苟且

我那个坐办公室的朋友平均每个月要有三次向我诉苦。

“亲爱的，领导脾气太臭了，我只不过忘了交一份报告，他就当众大发雷霆。”

“真不知道那个经理怎么能够做到今天这个职位，看看他处理问题的方式，明显的情商不够。”

“觉得和身边这帮同事没办法相处，一个个虚情假意，明争暗斗，跟谁都不能交心！”

“××又在微博上晒旅行照了，一定是嫁了个有钱的老公，不然为什么总是能出去玩呢！”

我的朋友每每说到此时都义愤填膺，她坚信，把她逼成这副模样的，一定是眼前这份爱不起来的工作，虽然这份工作足够她养活自己，但她早已对此失去激情，每日漫不经心毫无斗志的状态，已经在她的生活中循环播放了很久。此时此刻能够拯救她的，是一张一百万的彩票，一个有钱的相亲对象，或是在夏威夷海滩无休止的假期，头顶花环，身着草裙，和当地土著男人谈情说爱。她向我发誓到那时她一定是个明朗的好脾气女人，而不是此刻这个小肚鸡肠的忧愁怨妇。

可是几乎每次诉苦过后，她又失神地说，“哎，这个月迟到了好几次，恐怕奖金又要泡汤了。前几天还买了一双新款鞋子，怎么应对下个月的房租啊……”

我的圈子很小，在生活中和微信上保持联络的朋友不多。可是我想若把我的通讯记录扩大成现在的十倍，那一定也会有更多这样的姑娘来向我诉苦，对眼前的工作提不起兴趣，没一点激情，满脑子都是去远行的浪漫想法，总觉得自己不适合现世的辛苦，只有住在海边小房子里，伴着海浪写诗唱歌，才是这辈子该有的生活。我想这大概也是很多年轻人共有的特征，还没开始踏踏实实地奋斗，便开始幻想诗和远方，认定那里才有属于自己的天地。可是我们大多数人坐在办公室里，从领导的呵斥声回到现实中，尽管咬牙再咬牙想要一走了之，一低头，打开钱包，几张钞票孤苦伶仃地看着你，带点嘲讽也带点埋怨，一点都不丰满，它们根本无法用来支付你昂贵的诗和远方。

我曾经也是个活得潇洒的姑娘，对这样的心态深有体会。我大学时读英文，学校经常会有一些出国交流的项目，大三那一年我报名参加去美国三个月的项目。这项活动在同学之间很受欢迎，是因为在这三个月的时间内，学校会为我们在美国安排一份工作，在工作结束后，我们可以拿着攒下的薪水，利用剩下的几周时间去旅行。比起一般的出国旅行，这种边打工边旅行的方式，确实是性价比非常高的选择。我的爸妈双手赞成，迅速为我支付了中介费和机票费，临走时叮嘱我，“别苦了自己。”

我们被安排在宾州的好时巧克力工厂工作，做夜班的流水线工人，工作辛苦乏味，但薪水还算公平，每周领到的工资足够支付房租和食物，如果节省，甚至还能够存到去西部自驾游的旅费。可是那时的我觉得，这是一份什么工作啊？每天八个小时站在流水线前，面对一堆脂肪饱满的巧克力，把它们包装进千篇一律的箱子里，再把十几公斤重的箱子规规矩矩地堆在木板上。这种苦力，二十岁出头的我从未经历过，它令我手指粗糙腰酸背痛，在家时爸妈可是连个碗都不舍得我去洗，在这里做这种工作简直是浪费我的大好青春和才华……于是当和我结伴同去的姑娘每天干劲十足，还在计划着“我要在这里攒够去迈阿密度假的费用”的时候，我就潇洒地从工厂大摇大摆地和我每小时八美元的薪水告别，去追随我的诗和远方了。

我去了心之向往的纽约，在纽约，我在百老汇看歌剧《魅影》，假装认得舞台上所有的角色；我登上帝国大厦的顶端俯瞰城市景观，根本分不清东南西北；我坐渡轮去和自由女神合照，在第五大道的商场试遍每一种香水……我自己的口袋空空，没关系，背包里还有老爸的信用卡，我拿着它去看尼亚加拉瀑布，去参观哈佛校园，去白宫门前和反战的老人合影，去环境优雅的餐厅吃意面喝红酒……我觉得青春就该是这番模样，活在诗和远方中，去见识广阔的世界，可是那时年少轻狂的自己根本没意识到，我所得到的诗和远方，都是来自于爸妈没日没夜的苟且。

后来当工厂结束工作，我的同伴拿着几个月攒下的钱去旅行，我却和自己的诗和远方告了别，因为老爸的信用卡早已刷空，我坐在房间里吃泡面，守着半空的行李箱，眼巴巴看别的同伴可以为自己支付一次西部之旅，也为家人带上贵重的礼物。

回国之后，已经是繁忙的毕业季，同班同学早就开始各自规划前程，那时我功课马虎，论文普通，一张简历贫瘠，只有寥寥数笔。可是我这样的姑娘，竟然一点都不为自己操心，仿佛对诗和远方上了瘾，每天在寝室里搜索旅行攻略。我的野心很大，东亚、欧洲还有太平洋岛国都想前往，骑行川藏线或是乘热气球这样惊险刺激的事也都想一一尝试。在同寝的姑娘找到了工作开始实习已经拿到了第一份薪水时，我的脑袋里装着全世界的版图，口袋里却穷到叮当响。回忆过去，现在的我时常有跑到过去的冲动，想把那个坐在电脑前，满脑子天真想法的自己狠狠教训一番，别在这儿做梦了，赶快去找一份工作，三个月后说不定你就能去远方了啊。

我至今都非常感谢那次去美国的经历，不是因为爸妈的银行卡让我见识了一小部分的诗和远方，而是这和往后残酷的人生相比，我渐渐意识到，自己的人生不会只停留在二十岁，生活也不会一直源源不断地有人来买单，作为一个普通的姑娘，与其等待或者依附着什么来令自己无聊的现状得到救赎，不如踏踏实实地亲手为自己创造一个浪漫的未来，有时候先安于眼前的苟且，或许就能见识到更多的诗和远方。

后来当我再一次远行，来到新西兰，抱着至此就要独立的信念。没有了爸妈的庇护，单枪匹马的旅程总是会让一个姑娘迅速成熟，我发现再美的远方，一旦到达，就有着必须经历的苟且。为了生活，我在中餐馆里擦桌子，因为不小心摔碎一个杯子被老板娘大声呵斥；在咖啡馆后厨帮忙，被炉子烫伤手背留下丑陋的伤疤；我在包装厂站在流水线前做十一个小时的苦力；在酒吧里陪客人聊天快要变成疯狂的心理医师；我也在一个天气晴朗的春天被一个骄傲的姑娘问起，“你这年纪轻轻，吃这种苦干吗，不是应该出去玩好好享受人生吗……”

那个阳光洒在脸上的瞬间，我正在用一块抹布努力擦干净咖啡馆桌子上的黄油渍，忽然间想起了高晓松母亲的那句话：生活不是眼前的苟且，生活有诗和远方。那是每一次阅读都会让我心生希望的句子，贯穿了我大部分的青春时代，然而二十几岁的我，那个愿意靠自己的双手创造未来的我，也开始相信另一种哲理，生活不是只有诗和远方，还有眼前的苟且。

出国这几年，我的手机里一直保留着两张照片，一张是我银行账户里只有两块三毛钱时的截屏照片，另一张是我在冬日的车库里写作时的照片。我不断用它们来提醒自己，生活并不容易，多一点努力就多一点欢喜。而它们也令我始终相信，生活不是只有诗和远方，还有眼前的苟且，有银行卡分文不剩要靠泡面撑下去的时候，也有在车库里写字双脚冻到麻痹的日子。可是我也相信，即使生活一直艰难，总是有解决不完的烦恼，看起来仿佛明天也不会比今天过得好到哪里去，那也不要放弃为梦想做出的每一分努力，我知道，只要坚持下去，总有一天我的诗和远方，会让此刻这眼前的苟且有了意义。

我想把这些话讲给我那坐办公室的好朋友，不知道这是否能让她生出奋斗的力量。她会不会把那个从杂志上剪下来的夏威夷照片贴在桌面上，开始为这个梦想踏踏实实地奋斗，不再迟到，准时交付任务，努力获得上司的赞扬，向同事学习工作技能，好好建立自己的储蓄……而在未来不远的某一天，我希望她真的会降落在夏威夷的海滩上，头顶花环，身着草裙，和当地土著男人谈情说爱，做她许愿那样的明朗好脾气女人，活在今天这苟且换来的诗和远方里。

让自己的人生焕发出更多光彩

一天，苏小姐在网上问我："嗨，你说我毕业之后应该去做什么啊？"

我回答说："你想做什么就做什么。"

她说："正因为不知道想做什么所以才问你啊。"

我说："你自己都不知道自己喜欢做什么，别人怎么敢轻易做出判断？"

我和苏小姐是大学同学。她读书十分努力，经常获得奖学金，本科毕业后被保送到上海一所重点大学读研。当初我问她为什么要读研，而不是直接工作，她回答我说，虽然自己成绩还不错，却暂时不知道自己要做什么，能做什么，眼前只有保研这条路，不需要花什么心思，而且父母也比较倾向于让她读研。现如今，她研究生也快要毕业，之前没有解决的问题，需要再一次面对了。

她之所以问我，也许是因为她知道我经历过一个从对前途迷茫，到渐渐摸清自己方向的过程吧。

除了还在读书的朋友，已经工作的朋友也遇到了这样的困惑。另外一个朋友，目前在一家待遇很好的公司工作。由于公司业务发展迅速，他的岗位发展潜力虽然不大，待遇却很高。

我曾经和他聊过换工作的事情。他知道如果自己一直做现在的工作，职业发展前景会比较暗淡。但要他往自己倾向的行业或岗位跨出这一步，他又不甘心放弃现在工作的良好待遇。

实际上，就算要换工作，他也不知道自己适合做什么。

我相信每个人都渴望做自己喜欢的事，面对未来不再迷茫。但环顾周围，真正清楚自己喜欢做什么，并且正在做的只是少数。多数人从青春一直迷茫到毕业，从工作一两年一直困惑到工作五六年。有许多工作多年的人，面对自己的工作完全提不起兴趣，明知自己不喜欢，却没有勇气换工作、换行业，在日复一日的生活中渐渐消沉。不是自己喜欢做的事，便难有激情，最后也难有更好的发展。

如果你还在读大学或者研究生，抑或刚刚开始职业生涯，觉得自己目前做的事不是自己真正倾心的，就还有机会去寻找自己真正想做的事。那么，如何确定自己真正想要的究竟是什么呢？结合自己的血泪史和几年的探索经验，我总结了三个步骤，希望能够帮助到身边的朋友和正在看此文的你：

1. 意识到问题的严重性

我的大学生活毫无规划。四年来我竞选过班委、加入过学生会和社团、还自己成立了新社团；我做过电话卡销售、动漫公司兼职、拓展培训教练、参加过各种竞赛；我组织了各种各样的活动，去NGO实习，结交了各路朋友。

多样的经历让我一度以为自己是一个懂商业模式的销售天才，所以大四找工作的时候，我最终去了一家广州的咨询公司做销售，理由是咨询公司高大上，销售有提成很赚钱。然而没过多久我便发现我根本做不来这份工作，接着便裸辞，一门心思想做游戏策划，理由是我喜欢玩游戏，而且游戏策划工资更高。我花了一个多月的时间找工作，却频频受挫，最后竟找了一份互联网公司的客服工作。慢慢地，这份工作要求我掌握越来越多的网络技术，我开始发现我是多么不擅长这份工作，但由于我不知道自己应该做什么，只能继续扛着。

在裸辞后找工作的过程中，我开始不断回想大学期间做过的种种事情，我发现我从来没有发自内心地沉浸于那些事，从来不曾因为做了那些事获得内心真正的满足和快乐。我所有的忙碌、所有的奔波，带给我的都只有表面的虚荣。

我在无数个灰暗的夜里躺在床上思考：我到底喜欢做什么？我到底适合做什么？难道之前的经历全是毫无价值的吗？有没有那么一件事，是我在做的时候真正会感到快乐的？如果我从一开始就知道自己的方向，我一定不会过得如此波折，我一定能够沉浸在自己喜欢的事之中，充满战斗力。

就是在那时，我意识到了做自己喜欢的事，了解自己真正想要的东西是多么重要。

2. 深入反思并开始尝试

意识到问题重要性的时候，我正在做那份互联网公司的客服工作。我开始反思自己，思考在过往的人生中，有哪些事是我擅长的，有哪些事让我获得了喜悦。我一一剔除了大学期间做过的各种各样的事情，领悟到原来自己喜欢写字，喜欢刷微博了解新闻，喜欢尝试最新的互联网产品，习惯于接受不同维度的大量信息并在脑中整合。除此之外，还有一些从小养成的、根深蒂固的爱好，比如漫画，比如读书。

3. 鼓起勇气，贯彻意志

在工作之外的事进行得热火朝天的时候，我在工作上却越来越不愉快。技术上的不擅长，与公司氛围的格格不入（具体在我的另一篇文章《人生最寂寞的事，莫过于对世界失去了好奇心》中提到过），渐渐让我无法忍耐，于是我再次离职。从兴趣出发，结合自己以往的经验，我选择进入广告行业，做文案策划。

于我而言，这次辞职实属背水一战。虽然相对于从前的自己，我终于有了比较清晰的目标，但毫无行业工作经验的我，极有可能被拒之门外。而且，如果这次再迫于生活压力，违背自己内心的意愿，选择了不喜欢或者不擅长的工作，我的职业生涯发展将更加波折。

好在最后我跨出了这一步，将自己的意志贯彻到底。尽管没有工作经验，之前的写作经验和微信运营经验却帮了大忙，助我走进了广告圈。如今，充满新鲜事物的广告圈生活，让我乐在其中，各种有趣的广告人们，让我有一种同类相见恨晚的感动。虽然广告文案的工作经常会面对客户的刁难和大量加班，但我仍庆幸当初做了这个决定。

这三个步骤算是我的经验之谈。对于我而言，花时间最多的是前两步。我花了五六年的时间才意识到做自己喜欢的事是多么重要，以及自己应该往哪个方向走。

有时候我们沉浸在繁忙的工作中，没心思去考虑自己究竟想要什么，这实际上是在潜意识中用战术上的勤奋掩盖了战略上的懒惰。比如我对于技术问题极为迟钝，就算看再多的书也学不会举一反三，但每次写起东西来，我总是得心应手，所以方向真的比努力更重要。

最后说点更远的。我身边还是有些朋友，一直就有着很明确的目标，一直在做自己喜欢的事情的。他们没有经历过我这种煎熬的步骤就能一直做自己喜欢的事，让我很是羡慕。但对他们了解越深，就越会发现，每一个人能成为现在的样子，跟其所处的成长环境密切相关。

有些人家境富庶，从小衣食无忧，才不在乎工作和待遇，去追求自我价值的实现。

有些人家族资源广人脉多，才会选择直接创业，完全不担心创业失败的风险。

有些人从小跟随父母接触商业业务，才醉心于商业模式的研究和咨询工作。

除了他们自己的努力，家族有形的或无形的财富的累积，才让他们有了今天的样子。所以不要盲目相信这些人的成功故事并试图模仿。

对于大多数像我一样的普通人来说，的确是需要付出比别人更多的时间和精力，才能让自己的人生焕发出更多光彩。

你不努力就别想着一步登天

这世界上所有的东西都是等价的，你不努力就想着一步登天，别做梦了，好吗？

[1]

每次打开微博，都是几十条未关注人的私信。其实，我能理解，在这个快节奏社会里，很难找到一个人，愿意听你说委屈，愿意停下来，看看你过得好不好。

一妹子发私信给我，很长很长的一段话，说自己很笨，在读大二，不喜欢目前的专业，学不进去，做什么都没天赋，又找不到兴趣点，不知道从哪下手。不过她也有野心，不愿意这一辈子就这么庸庸碌碌地老去，她想挣很多很多的钱，想过更好的生活，更不想辜负对自己满怀信心的父母。她想知道，有什么办法，能改变自己，变成更好的人。

妹子用了很大的段落去叙述父母对她的期望，以及父母为了支撑那个家付出的辛酸苦楚。

她妈在超市做理货员，每天早上六点钟就要起床，走很远的路赶到超市上班，中午带点剩饭剩菜微波炉里热一下凑合着吃，有时候要把大箱大箱的货物从仓库搬到店里。

她爸却是在偏远的乡下教书，周末才能回来一次，其余时间都待在学校里。

她爸妈省吃俭用，每个月打给她的生活费却从来不会少。

看到那些句子的时候，我鼻子突然就酸了，忍不住地想到了自己的爸爸妈妈。

情感上产生的共鸣，我顺手点进去看了妹子的微博，两小时前，她发了一条关于某某明星的讨论，三小时前则是关于一条对某某韩剧的吐槽，以及各种笑话、段子、自拍……发微博数量6000条。

我不是反对发微博，只是我一个玩微博三年的人，一共才发了600条，她居然发了6000条。

她不是迷茫，她知道自己的情况，有想要守护的人，也有想要捍卫的梦想，不安于平淡，却又不愿付出努力。

我一瞬间有点难过，难道父母用半辈子的烦琐庸碌，辛酸苦楚，换给她一段可以安静学习，不受物质所困扰的时光，不值得她付出一丁点的努力吗？

我不反对大家看韩剧，但我讨厌你一边大声嚷嚷着自己的梦想还很远，一边吐槽《太阳的后裔》剧情设置不合理。

我不反对大家用社交软件，但我反感你，一边刷屏聊天发朋友圈耍自拍，一边说找不到让自己变得更优秀的办法。

我不反对大家追星，但我不能忍受你一边花着父母的钱买天价演唱会门票，一边哭诉，自己不够好辜负了爸妈的期望。

上帝给你的所有东西都是明码标价的，现在你浪费青春换来的片刻安逸，未来要用半辈子的辛苦劳作去偿还。

[2]

停下来努力真的很难吗?

很多人都知道自己想要什么，也知道用那种方法达成目的，只是迈不出那一步，还会给自己找好多借口，没天赋，没毅力，不感兴趣……

一集韩剧一个小时，一般来说差不多有20集，看完十部韩剧，会用掉整整200个小时。

这还不算在微博上、微信上吐槽剧情，讨论人物形象，偶尔八卦一下明星私生活的时间。

打一局匹配一般花四十五分钟，不过你当然不会只打一局。

看一集娱乐综艺一般一两个小时，你还会不断地刷微博，刷朋友圈。

看一本百万字的网络小说，怎么也得用上四五十个小时吧，当然你还得感激作者给你本完结的。

说到这里，肯定很多人反对，说这是享受生活，这是娱乐方式，要有生活质量，不能活得太死板，否则人生多无趣啊。

只是我觉得，年轻的时候应该努力拼搏。

当然，喜欢安逸的生活也无可厚非，只是如果你真的安于平淡，就不会抱怨这样的人生太过乏味，距离曾经的梦想越来越远，想要守护的人愈发地老去。

既然你选择了在这个熙熙攘攘的闹市里过着舒适平淡的生活，就不要问我往哪走才能到达真正的屠龙之路，怎样才能留给世界一个遥不可及的背影。

一小时至少可以背熟30个单词，十部韩剧的200小时，就可以背完6000个，四级考试大约只用考4500个单词，你口口声声哭诉着四六级没考，雅思没过，人生真是太艰难了。可是你有没有问过自己，你是真的在努力，还是仅仅感动了自己。

很多人早上赖被窝，睡懒觉，一起来就开始反省自己，又浪费了这么多时间，在心里和自己说，明天一定要早起，结果晚上十一点，却把早上自己对自己说的话忘得一干二净，玩着手机刷着微博到深夜凌晨。

有个读者看到我去年的一篇文，说是下定决心好好考研，每天早上五点在我微博里打卡说早安，到现在为止已经整整四个月了。

自律地生活，学习，看书，早起，背单词，都不会像你想象中的那么难，只是你如今有后路，生活尚未把你逼到那个份上，尚有人替你扛下所有的苦难。

[3]

生活还有后路，你的人生也还留有余地，所以你还能选择舒服地过着。

当你真的被生活逼得走投无路的时候，你还能继续看韩剧，玩游戏，刷微博看段子的生活吗？

电影《当幸福来敲门》里的男主人公被逼得走投无路，没地方住的时候，带着自己儿子在地铁站的男厕所睡了一晚上。凌晨时分，有路人哐当哐当砸门想进来上厕所的时候。男主人公一手捂着儿子的耳朵怕吵到正在熟睡的儿子，一边害怕那扇门被砸开了。

很多人都说看到这一幕的时候哭了，可我一点都不同情男主人公。

为什么一定要到走投无路的时候，才想着去改变，在日子还可以的时候却选择了安逸。

妻子选择离开，去纽约找份新工作，妻子分明是爱着他和儿子的，却被生活压榨得惨不忍睹，每天要连续工作16个小时，可是连房租都付不起。

即使他后来开了自己的证券公司，他变成闪闪发光的人，可是再找也不到那个爱着他的妻子了。

是啊，有人说，我们人生最差的结局也不过是大器晚成，可是我真的好害怕，在我们浪费时光等待大器晚成的时刻，一不小心丢掉了我们最珍贵的东西，甚至不能保护那些爱着我们的人。

谁都不知道，明天和意外那个先来?

我只能希望你早一点长大，早一点觉悟，早一点担起生活的重任，早一点明白努力奋斗的意义。

当父母生病的时候，你不会因为没钱而窘迫害怕；

当你遇到喜欢的姑娘的时候，不会因为面包而迫不得已放弃爱情；

人生从来没有后悔这个说法，只是有些东西错过了就变成了不能挽回的遗憾。

我好怕自己最后真的大器晚成，站在人群里闪闪发光的时候，那些我想要守护的人都不在了。

如果你有一丝一毫的懈怠，都是对爱的辜负。

心甘情愿的努力
才是你价值的最高体现

某一天的中午，我站在一个咨询工作室的门口痛苦徘徊，因为我约的咨客马上就要到了，但是咨询室的门却关着。我站在门口按了几遍门铃，无人应答，我打了几通电话给工作室的两位负责人，无人接听。

我猜想他们都不在工作室，这让我感到万分焦虑紧张，迅速调动起自己的脑细胞，想着如何解决这个问题。想起自己曾经用过的另一个咨询工作室，悲催的是我没有存下他们的联系方式，不过没关系，我收到他们宣传活动的微信，上面有联系方式。

于是我迅速地找到了电话，预约了时间和场地，比之前我和咨客约的时间晚了一个小时，我心里想：只能这样的了，总比没有强吧。接下来我又打电话给在路上的咨客，跟她谈时间和场地变更的问题，她此刻正在出租车上。

我挂了电话，走出小区，正准备往另一个场地赶，工作室的一个负责人回我电话，说工作室里有人，但因为在咨询无法给我开门，让我在门口等十几分钟。于是我打电话给我的咨客重新确定场地，然后打电话取消之前的场地预约……

当这些事情完成之后，所有的纷乱尘埃落定，我长出一口气。咨客还没有到，门也没有开，我站在工作室门前耐心又安心地等待着。我有几分钟安静思考的时间，想到的是：我工作真是努力和辛苦啊！

我沉溺于那片刻的自我陶醉中，可脑中另一个声音想起：你放屁，你哪里是努力，你分明是愚蠢和无能！如果不是你忘记提前电话预约，他们怎么会关门，你又怎么会如此狼狈？

如果那天我早一点起床，然后打电话预约场地和时间，我就不会在匆忙中赶到工作室，然后遇到这一系列的麻烦。我所谓的努力和辛苦其实是完全可以避免的，只要我事先打一个电话就行了。

我所谓的“努力”，只是因为我自己做事情缺乏条理而导致的一系列的溃败后采取的补救措施而已，这有什么值得我自我感动和肯定的呢？

我意识到这是我过去生活中诸多事情的一个缩影：我误以为那些使自己遭受了一些痛苦但对结果没有帮助的行为就是“努力”。这于我而言真是一个巨大的顿悟，让我忽然明白了许多之前无法想通的事情。

几个月前有一个编辑向我约稿，那是一套青少年丛书的序言，有8本书要写8篇序言。写作之前我们简单沟通了下写作的方向，即多多挖掘主人公身上的美好品质。3个多月后，我将自己辛苦工作后的成果8篇序言发给编辑。他读过之后，觉得书评的质量和选取的视角等方面离他的要求还有距离，发给我几篇序言做参考，提出了修改意见。

因为对方提出的修改意见不够具体，我评估之后，感觉要修改的地方有很多。而且稿费支付、图书出版等时间难以确定，我无法接受。于是，我决定终止写序言的工作，8篇稿子作废，之前所有的辛苦付出全部如流水。

当时我想，为什么我这么“努力”，结果却如此不好？后来我想明白了，是我自己的问题。当编辑和我说“要写几篇很好的序言”“要挖掘主人公身上的美好品质”时，我没有进行具体化的沟通，没有进一步询问对方“如何才能算是好序言”“主人公身上的哪些品质可以深入挖掘”。

如果我提前进行了更具体的沟通，对方就会在我动笔写作前，将他觉得达到自己要求的好序言发给我做参考，而不是在我写完之后。如果我在完成第一篇序言时就发稿子给对方审阅，那我就能够及时知道自己在工作上的问题，也不会将问题进一步扩大，导致后面无力解决。

这两件事都让我看到我是把自己的愚蠢、无知、无意义无价值的消耗当成所谓的“努力”。

其实发生在我身上的事情并不是特例。

有个网友曾发微博私信问我：为什么我这么努力，总是经历一次又一次的失败？我四级考了两次都没有通过，这次第三次考试的结果出来了，还是没有通过。我之前考一个会计上岗证也是这样，我每天很努力但却没有多大提高。我这么努力，为什么就不能有收获？

我问他：你怎么努力的？他说：别人在玩的时候，我天天在自习室里学习，每天早出晚归。

我觉得他说的事情很诡异，明显违背因果律，跑到他的微博上浏览一番，很快就找到了答案。他的前一条微博说：我来到自习室学习啦！接下来的每一个时段，他都转发了各种搞笑的段子和一些其他微博。

我想起他还经常到我微博上点赞和留言。于是，我脑中浮现的画面就是：他一天在自习室的学习其实都是拿着手机在刷朋友圈刷微博，在点赞和转发。这种他所谓的努力，其实只是看起来很努力而已，并没有真正努力到点子上。

我最近收到了另一封邮件：“我是一个每天都很忙很忙的人，因为我觉得自己有好多事情要做，想珍惜每分每秒充实自己。大学期间，不逃课，课余时间去图书馆看书，或者去做兼职，很少和朋友出去玩，大家觉得去娱乐场所很有趣，而我就会感到非常无聊，倍感压抑，觉得这就是浪费时间。

而我呢，整天脑袋昏昏沉沉，读书也读不进去，听课也听不进去……只有我知道根本原因，就是我压根就没学进去……而在老师同学面前，觉得我是个非常刻苦的好学生，而只自己才知道我就是个伪好学生……考研复习期间也是心情压抑，一点都学不进去，整半天是自己骗自己玩呢。”

这让我想起一个朋友，他在一家单位上着班，同时自己正在创业，做一家小型软件公司。他一天到晚非常忙碌，每次朋友聚会，总见他在不停地打电话，接电话。他觉得自己在职场上很努力很拼搏，而我们这群熟悉他的朋友则将他的这种努力命名为“瞎搞”。他生活中非常典型的事件是这样的：跟客户见面开会，谈论软件开发的需求，由于开会之前他没有看客户发来的资料，再加上在开会时没有认真听取客户的意见，理解客户的需要。回去之后，他让手下员工做出来的产品离客户的需要差距很大。然后，客户进行投诉，他在这边厢骂员工，那边厢给客户道歉，要求宽限项目周期……他的生活总是如此循环反复。他的创业公司刚开始拥有的客户还很多，现在一个又一个的客户都不再与他合作了。

最近听说他短短一个月搬家三次，还因为很小的事情跟某个装修公司打起了官司。我问一个朋友：他不是很忙吗？怎么还有时间折腾这些啊？朋友回答：有的人因为自身无能，所以要折腾出很多的事情让自己去忙碌，用来增加自己那可怜的自我价值感，同时得以忘记和逃避自己的无能。

这回答真是太犀利了！

我想起了自己学习英语的事情。有一天我在家收拾床头的橱柜，发现了好几本笔记本，每一本里都记满了英语单词、短句还有语法知识，笔记记得整洁又认真，接着我想起自己曾经还记过类似的几大本有关英语学习的笔记，然后我整个人就不好了……为什么我这么努力记笔记，却学习不好英语？带着这样的疑问我继续走在学习英语的这条不归路上。

一天晚上，我在背雅思英语单词，男朋友忽然和我说：别背了，你根本就没有用心学，在自欺欺人罢了！这句话像电流一样穿过我的全身，也让我瞬间找到了“为什么我这么努力，却学习不好英语”的答案。其实我也不是真的很努力，我只是一个劲地做英语学习的笔记，但从来都不会翻看自己做过的笔记；我听各种各样的听力材料，但从来不会听一个材料重复三遍以上；我背诵单词，但总是三天打鱼两天晒网……我所谓的努力学习其实只是为了告诉自己和别人：你看，我有在努力呢！

在我们身边，总有一些笔记做得非常认真，但是学习效果并不理想的人；总有一些在图书馆“努力”学习了一天又一天，但是该不通过的论文和考试还是不通过的人；总有经常出入健身房，但是一点锻炼结果都没有展现的人……并不是他们太笨，而是因为他们的努力并不是真正的努力，他们要么没有选择在正确的方向上坚持行动，要么只是看起来努力，采用无效的努力方式，没有做到专注和用心。比如，看起来那么早去自习的人，却只是拿着手机点了无数个赞；看起来在图书馆坐了一天，却真的只是坐了一天用手机看玄幻小说……他们同我一样，把自己的愚蠢、自欺欺人、无意义无价值的消耗当成了努力。

看到有些人夸耀自己的努力拼搏，什么天天只待在图书馆，熬夜看书到天亮，多久没有放假休息……其实如此痛苦的努力并不值得夸耀，而是需要严肃地审视。那些所谓的艰苦努力，是否是你的愚蠢、你的自欺欺人、你的无意义无价值的自我消耗？

这是我们教育的误区，以为时间的投入必然带来成功，我们鼓吹艰苦奋斗，提倡的努力模式也是“今天痛苦，明天就幸福”，什么“十年寒窗苦”“吃得苦中苦，方为人上人”“学海无涯苦作舟”“梅花香自苦寒来”……但是如果没有在正确的方向上，以有效的方式努力，那所有的吃苦就是浪费时间浪费生命。

那些真正努力的人，也许并没有这么勤奋，也不用过得那么痛苦，因为他们并不期待短期努力即刻就有巨大的回报。

他们选择了一个正确的方向，以专注和热情持续地浇灌，以一种正确的，智慧的方式缓慢但平和地前进着，他们可以一边努力着一边享受着当下的生活。

他们所有的努力，都不是给别人看的，而是为了自己内心真正的追求。而这些有价值的努力，也一点一滴真正到达了他们的内心，变成了他们真正的能力。

学会整理你的人生 而不是堆积

[囤积症]

老公是个IT达人，有什么好用的手机应用他一定是第一个知道，他的手机里装了两三百个APP，琳琅满目。

但我一直有点嫌弃他手机，很长时间他手机都非常非常慢，开个微信的时间都可以去喝杯咖啡了。

终于，前两天他的手机不堪重负，彻底死机，死得妥妥的，连开机都不行了。

他一整天都坐在电脑前面，在给他的手机“治病”，心烦意乱，嘴里还叨叨着“这搞的，一整天啥也干不了”。

我在旁边看着他，默默地走过去，拍了拍他的肩膀，语重心长地跟他说，“手机的病不难医，你的病才得赶紧治啊。”

他回头看我，疑惑地瞪着眼问我：“什么病？”

我一字一顿地说，“囤——积——症”。

[以后]

囤积手机APP算是囤积症里比较轻的类型了，但依然是囤积症的一种，那么多APP其实真正常用的就那么二三十种，但却保留那么多在手机里不删掉，还不停地下载新的APP。

其实他和所有的囤积症患者一样，都有一个共同的关注焦点——“以后”。

人们囤积的东西太多了：

买一大堆书但几乎不看的，他们认为“以后会看的”；

购物，觉得好就买一堆，堆在家里的东西越来越多，旧的没用完，还在不停买新的，他们认为“以后会用的”；

各种会员卡，优惠卡，那种哪怕真的只会去一两次的地方，也要办张卡，他们认为“总会用得着的”；

出去旅个行，见啥拍啥，拍上一大堆照片，认后是美好的记忆，可过后再也没时间细看；

还有囤积文凭的，各种证各种PASS，不管喜不喜欢这个领域，也要咬着牙去考一个，因为“以后可能会有用”。

有些小小的东西囤积起来后，看着并没有对我们的生活造成什么巨大影响，但所有的囤积都会造成我们注意力的牵扯。

注意力就是生命力，你关注什么就会得到什么，分散你注意力的东西越多越琐碎，你的力量感就丧失得越多。

[信息]

我们不仅会囤积看得见的东西，看不见的东西更容易囤积，比如囤积信息。

我有个学员敏，她跟我分享过她发现自己的一个模式：她在家带孩子很久，曾经儿子还没上学时，她总觉得自己很忙，急匆匆地做很多事情，她总觉得没时间做自己想做的事情，比如学习，看书等。

那时她每次在微信上看到一些不错的文章，被标题吸引之后，每次都打开只看看前面一小部分就直接把这篇文章放进收藏夹，告诉自己现在没时间，等以后有时间了再好好看。

而现在儿子已经上小学了，一整个白天她有很多时间，她发现她看文章的时候，还是看一半后就点击进收藏夹。

现在她的收藏夹里已经有很多很多文章了，可没几篇她有认真安下心来从头读到尾的，她发现内在已经形成某种习惯了，在翻看那些文章的时候似乎并不是为了去看文章本身，而是以判断这篇文章是否有收藏价值为动力在阅读。

有一次在我们的课程里，谈到关于突破“没有时间”这种匮乏的幻觉时，她突然意识到她并不是真的没有时间，而是一直活在对未来的焦虑当中。

虽然这种焦虑感是自己的一种习惯性思考路径创造的感觉，这种感觉是虚假的，但因为这种焦虑感而错失掉的却是每一个实实在在的当下。

[关系]

还有更隐蔽的囤积症，比如囤积关系。

囤积关系的人关注的当然也是“以后”，所以当他们和面前的任何人相处时，从来都没有真正关注过眼前的这个人，去感受对方，或者去感受大家在一起的感觉。

他们只是关注对方做什么事，认识什么人，开什么车，然后判断要不要把这人放进自己的收藏夹。

可眼前这个人有什么天赋，有怎样的梦想，正在如何突破自己的障碍，有怎样的才情……

这些关乎一个有血有肉活生生的人身上真正重要的东西，却被忽视了。

你会发现，这些喜欢囤积关系的人，你很难单独和他安心吃顿饭，你见他时，永远都是一大桌子人。

囤积关系的人可能真的看起来人脉很广，三教九流无所不识，微信通讯录里有几千个好友，可是凌晨三点突然醒来无法入睡时，他在手机里却找不到一个能无所顾忌拨过去说说心里话的号码。

忘记生命本质的人就会得到这样讽刺的人生，越是囤积关系，越感觉孤独。

[错过]

这就是囤积带来的最大问题，当我们总在关注以后时，我们就不停地错过现在，错过这一刻的美景，一篇美文，可爱的食物……

更可惜的是，错过来到我们身边的人或事：

跟孩子在一起的时候想着工作，和同事在一起的时候又惦记着孩子……

吃饭的时候想着报告，写报告时惦记着逛淘宝……

总之好像在做一件件事情，但总是在急着把这件事做完，好做下一件，哪件事情都没有真正享受过。

很多父母常常很急，对孩子总是不停地催催催，总嫌孩子磨蹭。但并不是孩子真的有多慢，而是自己心里好像有个人在拿着鞭子抽着自己往前赶，可似乎怎么赶都到不了头。

[时间]

囤积时间大概就是人类最严重的囤积症，很多人都把工作当作换取收入的工具，可是，我的老天，你一天有八个小时在工作！

如果你没办法让自己真正地享受工作，常常在妥协、煎熬的感觉中度过，试图用这样的煎熬换一个美好的未来，这是不可能实现的！

我记得小时候，家里如果买了一箱苹果，老人总是先挑烂的吃，可是往往原来的烂苹果还没吃完，新的烂苹果又出现了，所以就永远在吃烂苹果。

你想囤积好苹果，可最后得到的只有烂苹果。

无论你在囤积什么，都要记得，越囤积，越匮乏。

而现在我会做的是，永远都先挑好苹果吃，所以我永远都吃好苹果，我不焦虑未来，我只享受当下。

如果你问，如果过去生活中已经有烂苹果了，怎么办?

该扔的扔掉，该送的送走，把已经发生的对自己没有帮助的东西清理出自己的生活，无论是某样东西，还是某个人，某段关系，某种过去的自己，统统都送走。

带着祝福和感激，因为那是你的历史，厌恶曾经和自己有关的人或事，就是在厌恶曾经那个阶段的你，送走的意思就是连这种厌恶感都送走。

也不必担心他们，没有人需要你的担心，每个人都有自己生命的节奏和想体验的东西，那可以和你不同，但并不意味着你选择的就是他们想要的。

当然更不用担心自己的未来，担心就是在关注“以后”，而我们真正要学会的是关注“现在”。

哪里有什么未来，所有的未来都是以当下的状态出现在我们的生命当中的，我们真正能拥有的永远只有此时此刻。

[当下]

当下是没有烦恼的，所有的烦恼都是因为要么我们活在对过去的懊恼和不甘当中，要么活在对未来的焦虑和恐惧当中，一旦掉进这种状态，自信，开心，美，行动，享受……所有可以带来创造性改变的力量就消失掉了。

我非常喜欢电影《重返地球》中威尔·史密斯所饰演的父亲对儿子说的话，“你必须意识到恐惧不是真实的，恐惧是对未来的一种自我暗示。虽然危险是真实存在的，但恐惧与否是你的选择。”

不要因为对未来的恐惧而消耗现在的生命，去为一个虚假的未来做囤积，每时每刻你都站在生命的分叉路口上，这一刻不同的选择，就决定了你下一个此刻所待的地方。

在你的梦想里 发光发热

不知从什么时候开始，每个月总有那么几天，就像女生的生理周期一样，会陷入没来由的焦虑和难过中去，尽管你也不清楚自己在难过什么。

迷茫先生经常感觉很多事情没做，却不知道能做什么，已经握紧的双手到最后只能落寞地磕碰两拳手指关节。

他说："我想要的和我得到的总是背道而驰。"

严格来说，迷茫先生也算个摄影天才，在MP4可以拍照的时候，他就在中学时代拍下过惊天动地的照片——偷拍小伙伴的睡姿。那些睡在书堆中间、横躺在阶梯教室椅子上的奇葩照，后来成了贴吧和BBS上争相传播的"大师"作品。

高二的时候，它拥有了第一台单反，于是彻底对摄影产生了脑残式崇拜，摄影QQ群加了几十个，上课的时候唰啦唰啦记着笔记其实全在写拍摄计划，剩下生活费买了一堆摄影杂志，周末牺牲网游时间去公园拍作品。当时他身边所有人，包括我，都觉得未来在那些摄影杂志上，或者书店的摄影书架上，一定能看见他的名字。

后来每每想到这儿，都想说句脏话。就像胖子成了偶像潜力股，班花终将变成菜市场杀价主妇一样，迷茫先生让我们组团看走了眼，成了一家旅行社的普通小职员，每天的工作内容就是填不同的表格，偶尔需要早起跑去领事馆带客户面签。每天把不同的人送往不同的地方，自己却留在相同的风景里。

因为毕业就来了北京的关系，所以一年只能有几次时间回老家与他碰面。那个原本在同龄人中染着黄发、脸上带着少年倔强、眯着一只眼在让人羡慕的高山和流水之间匆匆按下快门的男生，竟然变成了最最普通的人。

普通到放到人群里就找不到他，但随便叫声“喂”就回头看你的那种人。

迷茫先生潜心研究摄影付出的代价，是高三时成绩直接沦落成全班倒数。那个时候我劝过他，如果一个人做一件事的同时会影响到另一件事，那这个人，是没有资格三心二意的。当然他不会听我的放下摄影，但就算后半学期腾出一些心思在学习上，也没能逃脱拿着只能上二专的高考成绩单跪在他爸妈面前哭的结果。

其实大学对一个人最重要的影响，不是那个为你敲开就业大门的毕业证，而是能给你建立一个磁场，让你遇见怎样的人，而成为怎样的人。迷茫先生三年的专科生活，都是在寝室刺鼻的烟味儿和深夜此起彼伏的鼠标键盘声中度过的。身边人的爱好就是打麻将、看片、逛街、玩网游，“梦想”这个关键词对他们来说是多余的，因为他们每个人都粗鲁地把人生分为活着和死掉两个阶段，结婚生子活着就好。

“摄影真的能养活自己吗？网上很多人拍的都比我好啊！”在一次次自我暗示与嘲讽里，迷茫先生终于选择了更多人走的那条路。

人终归是要跟现实妥协的。活着就好。

有一次迷茫先生跟他外婆吵架，索性直接飞北京度假来了。我说能跟外婆吵架吵到离家出走这么缺德的事也只有他干得出了，其实他哪儿是什么吵架，只不过在外婆面前有点儿无地自容罢了。因为外婆见不得他一回家就坐在电脑前或趴在床上懒散的样子，她说：“这不应该是我们七八十岁的老太婆才干的事吗？”

迷茫先生灌了大半瓶酒下去，说：“你以为我把那些破网页来来回回点开又关上、追剧消磨时间、看累了就玩会儿手机游戏很满足吗？每天在公司填表格填成傻子了，回家不窝在沙发上难道还扛着枪出去打一仗啊，好不容易想出去吃个饭，打开通讯录却不知道可以找谁。我也知道要充实自己，也会买点儿什么正能量、心灵鸡汤的书，可是看了两页斗志燃起来，睡醒就又被熄灭了。到头来，最先老的不是自己的样子，而是年少轻狂的心。”

好几次我试图把话锋移到摄影上，我给他列举身边朋友因为纯粹爱好摄影，最后开了工作室全世界各地巡拍，或者那些从小助理慢慢积累经验，变成商业杂志御用摄影师的例子，但最后都会以他的沉默作为话题的终结。

不知道从什么时候开始，因为对梦想有了信仰的崇拜，自然也就在追寻它的路上奢求及时的回应。谁都懂得如果自己认真做一件事，就会完成的很好这个道理，但很多人觉得它始终是个假命题，因为做一件事要服从当下的情绪和环境，再努力奔跑的人也终会有停下来撑住膝盖喘息的时候。不过，休息之后要想再跑起来，就会力不从心，而如果不停顿咬着牙一直跑到终点，你是不会感觉太累的。

很多人看不见终点而焦躁地思考人生，结果就是在一次又一次的自我否定中彻底暂停。但每个人都有不同的阶段，会有不同的境遇，想得太多不如简单去做，当你对未来产生疑惑，试着去思考当下的自己可以做好的事。

50分的你只能得到50分的回应，而很多时候觉得生活辛苦，是因为总在以50分的状态答100分的考卷。不要问你的坚持可以给你换来什么，而是你现在可以做的，是否已经做到最好。只有这个阶段完结，才能走向下个未知的命运。

这就是为什么那些成功的人始终都不会放弃的原因，因为他们知道自己每一个阶段可以做什么，也就能接受每一个阶段或微小或巨大的回报。

我决定写这个故事，是因为迷茫先生前几天给我寄了一张明信片，明信片是他自己打印的，像素不高的画面中，是一个侧躺在一对教材上的小胖子，脸上肉太多把嘴唇挤成一个数字8。我笑到想骂人，因为那个小胖子就是我。

明信片的背面，简单的几句话，自己还挺娟秀：

我觉得人活一辈子，一定要有个人，把这些闹心的蠢事记录下来。我辞职了，向南旅行。

想要的和得到的之所以时常会背道而驰，是因为你想要的，其实还不属于你，而你得到的那些，自己又不在意罢了。时间很短，容不得虚掷，时间又很长，要等很久才能找到归属。那些固执不肯松手的回应，到了最后，也都只是云淡风轻。

此刻的迷茫先生，应该在越南拍芽庄海滩的落日吧。

虽然到现在我都不知道他是怎么突然变了个人，但偶然翻开空间校内的相册，看着那些迷茫先生拍下的嬉闹和幼稚的回忆，心中就有了答案。我想，后来再看到这些照片的“受害者”，一定会跟我有心照不宣的默契，感谢他，并且也相信，他正在他的梦想里发着光热，他的人生一定马不停蹄。

你是否有看清过你自己

把窗帘拉开看映在玻璃上的影子，也许就能看清你从未见过的自己。

那一年立夏，东北的天气还肆意着些许寒意，我将这理解成冬天离开时留下的怨念，也许从这就可以看出那个北风呼啸的季节是多么深爱我脚下这片热土了。

我不管他们是相爱还是相杀，我只清楚自己兜里的一百元不足以支持我奢侈的生一场病，于是便赶紧将拉链在往上拉一些。

像所有刚毕业的大学生一样，我尴尬的处于刚步入社会，并且正在享受转型阵痛中的一分子，这阵痛几乎打碎了以前对于现在生活的所有幻想。

西装，咖啡，电脑，谈笑之间将所有问题解决，然后悠然自得享受一整个下午的阳光。但事实上，我在试用期的第一天就受了所有人的围观，于我来说，所有人懒散地在闲聊，穿着随便得仿佛刚从公园晨练坐在路边喝豆浆吃油条的大叔大妈，而于他们而言，我可能就是个误闯的迷路者，大家在等我礼貌退出，而我却不知所措地呆立在原地，一时间竟有了与一群人对峙的架势，发现这一点的自己局促不安地挪了挪身子，却发现状况并没有改变。

那是我第一天上班，也是从那天开始，我发现命运的列车还是偏离轨道，我再也控制不了。那一天，我穿着新买的衬衫，去库房了搬了一天的货，工作的内容就是，把箱子打开，取货，扫码，再把货物装回箱子里。我和老同事用了整整一个白天的时间，终于把200多箱的童装、男装和女士内衣给处理好，汗流浃背的我看看手机，已经六点了，于是便整理衣服，准备回家，却被同事叫住，我看着同事一脸怪异的表情就感觉不妙，果不其然，被告知：今晚要把这200多箱货装车，拉到外地商场。

我尽量调整自己的语气，然后用疑惑却不失礼貌的口吻询问：咱们公司没有库管之类的仓库人员吗？

话一出口，对面的同事就露出了牙，与眉毛眼睛一起组成了果然如此的四个字。

然后，他走过来拍了拍我的肩膀：小伙子，别惊讶，进了咱们公司，你要慢慢学，咱们都是业务，可是公司里就是没有一个库管，你知道是为什么吗？

我想我当时的脸色一定很难看，实在是说不出话来，同事很明显也没想得到我的回答，就自顾自地说出了答案：在这你什么都歹干。然后招呼我，先去吃点东西，因为晚上还要干重体力。

我当时觉得自己已经懂了同事的话，可是后来才发现，其实那还差的远。

那晚我都不记得是怎么度过的，我们的仓库，并非普通意义上的仓库，它是在写字楼的七楼，没有货梯，只能用载人的电梯进行运货，于是我们需要先把箱子从那个狭小的门里弄出来，然后再把它们运到电梯口，再通过电梯，一点点地往一楼弄，最后，就是要把货物都放在货车上，因为条件的限制，我们实在谈不上什么效率，于是，我就开始了人生中第一次的加班，那过程狼狈得让我不想再想起，那感觉却让我记忆犹新，湿透的衬衫紧紧地贴在后背，从大楼里一出来，就能清晰地感受到风的存在。最后，搬好货，就迷迷糊糊地上了车，我们几个男同事坐在车里，跟着前面的货车，趁着夜色，驶出了这座已经安静的城市。

在那晚的记忆里，马路上散落着昏黄的光，偶尔会有出租车与我擦身而过，我们的车就像一艘航行在海洋的船，摇摇晃晃地把我的思维一点点给弄得混乱，我眯着眼，可眼前的一切都有了一种不真实的感觉，直到这份感觉让我觉得自己好像都成了这马路上的鬼，就戛然而止，我睡着了……

从那晚以后，我仿佛经历了一次脱胎换骨，一觉醒来，我们早已到了地方，又趁着商场正式营业之前，把货物搬进去，然后开箱取货，把花车上铺满货物，并且要做到既丰富又不杂乱。然后，我就开始了第一次卖货的经历。

我现在还庆幸那时是跟同事一起，否则我可能要费好大的勇气才可以。当有人拿着一件童装问我这个码的衣服她家的孩子能不能穿时，我只是恍惚了一下，就偷瞄了一眼刚刚我抄下来的尺码介绍，生涩地张开了嘴。那一次是我很想从回忆录里删去的黑历史，从对方一脸笑意我就知道当时的自己一定慌得不行，因为那时连头发都没有洗，我猜自己的形象一定狼狈不堪，还好顾客没有表现出什么厌恶与不耐烦的意思，否则我想那时一定会更加难堪。

有时人就需要逼一下自己，若不是确实发生了，我都不知道自己真的有这方面的天赋，只是一个上午，我就把有关童装的所有内容烂熟于胸，而销售情况也渐入佳境，不知不觉到了晚上九点，商场关门，楼层经理过来跟我们说今天一共卖了10万多块，我突然觉得有一种成就感，那感觉不同以往，它第一次出现，让我印象深刻，就像被鼓舞了一般，以至于到了酒店，倒头就睡了，连个梦都没有。

要说工作后和上学时最大的变化，就是知道了赚钱的难，也知道了大学所学的东西根本用不上，反倒学到了许多新本领。比方说专卖店离得货架子坏了，我学会了修，新店装修，我学会了陈列，商场撤柜，我又学会了整理打包以及怎么和楼层经理混脸熟，而最大的收获，则是这脸皮实打实地厚了起来。

在东北，特别是在这个城市，做生意不用多高深的眼光，也不用多精明的头脑，更不用多敏锐的嗅觉，需要的只是两种东西：资本和关系。如果说这两者还都能解释成作为一个生意人的必要条件，但生意做到只是简单粗暴的依靠这两样是不是太过分了？什么生意如果能不用合同就尽量不用合同，这样给双方都留下了反悔的余地，即使我今天答应了你，但要是哪一天我想要反悔了，我就可以反悔，而且一天之后我们在同一个饭局上还可以继续把酒言欢做兄弟。但不得不说，老板毕竟是老板，是资本的掌控者，是公司的独裁者，是非常要脸面的，所以，这种不要脸的事一般都是交给我们去做。而对方的老板，毕竟也是这个圈子里的人，也要遵守游戏规则，所以事情肯定会办成，只是过程相对曲折，你总不能不让别人发发怨气是不是？你总不能不让人家做点小手脚来刁难刁难你是不是？毕竟，老板就是老板，是资本的掌控者，是公司的独裁者，是非常要脸面的。

于是，我的心理素质渐渐强大，基本能做到别人当面骂你，就跟那人骂的不是你似的地步了。同事们惊讶于我的进步，老板欣慰于我的成长，有时候在偷偷骂完娘以后我都会觉得前途一片光明，但直到某一天，我和同事在外面出差回来的客车上，同事跟我说：你看外面的柳树都发芽了。我定睛看去，对啊，不知不觉，又一个春来就来了，而对于这次季节的变化，似乎除了衣服的增减，我也没有什么清晰的感觉了。

而我也没想到，就是这么简单的一句话，让我一直想了一路，六个小时的车程就在思绪飞扬中消磨殆尽，回到公司，在同事惊讶的目光下，我走进了老板的办公室，在老板惊讶的表情下，我对老板说出了：我要辞职。

老板让我坐下，要跟我聊聊，我清楚这个程序，为了避免接下来无聊又耗时的你猜我猜游戏，我接过话头，先表达了对于公司和领导培养的感谢，然后又表达了对于同事帮助的感谢，最后，直接对老板说：我在这学到了很多，做到了很多，经历了很多，这一年的工作是我从来没想过的，我喜欢咱们的公司，喜欢一起工作的大家，但今天我突然觉得，我还年轻，我应该为自己以前的目标闯一闯，哪怕不成功，我也想试试，因为我实在是怕，怕一抬头，十年过去了，那时我再回想起现在，会后悔，然后变成一辈子的遗憾。

老板沉默了好久没说话，许久才叹了口气：你是个好孩子，我原来还以为你是有什么不满意的地方，现在看来，你是真的决定走了，唉，也行啊，年轻人应该闯一闯，以后有什么事可以联系我，能帮忙的我一定帮。

我站起来，对老板说了谢谢，然后跟同事们告了别，然后在大家的目送中，辞了职。

后来朋友聊天时问起我，那天真是为了追什么梦想才辞职了吗？

不置可否，我对他点头，朋友明显不信，就转过了话题，而实际上我也不信，但那天真是脱口而出了，这并不什么真情流露，只是漂亮话听多了，自然而然就会说了，现在回想起来，老板说的那些话可能是真的？然后我就想笑，笑自己这么久了还这么蠢，我觉得那天的情形用艺术的方式去表现一定是两个戴着面具的戏子在互相飙戏，配合的效果却异常的好，老板通过对我富有人情味的变态，巩固了公司的人心和凝聚力，我通过配合，获得了被压的那半个月的工资，成了一个双赢的局面，结果堪称完美。

也是从那以后，我清楚地发现自己变了，并非变质，而是在思想中又多出了一个灵魂，我不知道他从何而来，但我知道，他就是我，只是平时看不见，而当我开始照一面名为社会的镜子时，他就会清晰地映在镜子上，一切都游刃有余。

没有目标计划的努力都是作秀

一次上课，一个女孩子垂头丧气地跟我说，老师，我考了四次四级，还没过，究竟是为什么。

我说，你真题做了吗？单词背了吗？

她拿出已经翻破了的真题，跟我说，你讲的所有的题目我连答案都记得，单词书也背了很多遍了，我这么努力，为什么过不了。

这是一个我印象特别深刻的学生，因为在我眼中，四级考试是难度不大。据说，每年通过率有将近百分之八十多，那些没过的百分之十几还包括了裸考的和放弃治疗很久的人。我想，一个人要多有毅力，才能一直保持在后百分之十几稳定的不过。

可是，看着这个学生满满的笔记，我心想，看起来是很努力啊，为什么还不过。

因为时间关系，我们草草地聊了几句，我就继续上课了。

在路上我再次想到了她，发现无解。这种感觉就像是一个医生知道病人有病，但就是不知道如何去医治他一样。

第二天她又带着厚厚的笔记来问我。

我只能使出大招：你这么努力，放心吧，下次你肯定能过。

那学生讪讪地说，但愿如此。

对这个世界来说，没有什么果是没有因的，即使现在因看不出来，但也一定是存在的。很快，我找到了这个女孩子的因。

那是我最后一次见到那个女孩子，她再也没有出现在我的课堂上。

结课那天，我去她的位置，指了指她身边的同学，问她身边的一个女孩子：你认识她吗？

她说，认识龙哥，是我同学。

我说，她为什么总是逃课？

她笑笑说，她事情比较多。

我明白了，这女孩子是学生会主席，同时兼几个社团的团长，参加活动组织活动很积极，朋友也很多。可唯一没有时间的事情，就是独处。而学习英语过程是一个特别需要独处的过程，你需要一个人读很多遍，安静地背许久才能印在大脑里。而她只是做了一遍真题，草草地对了一遍答案，然后冲出自习室继续她学生会的事情了，至于这套题，在她脑子里面只是留下来了“我这么努力的做了一套题”的意念，其余的，根本就记不得几个单词。就像她告诉很多人自己报了一个英语班，可是几乎从来没有上过课；就像她找很多人探讨过怎么学英语，但是从来没有真正记住点什么。骗别人很容易，骗自己更容易，可是，骗这个世界的因果，有点难。

我想起了一个女孩子B，她总是喜欢找我推荐一些电影和书，还要求是规格很高的。所以我每次看过的书也会给她拿过去让她看。她每次看完，都会发一条微博，下面无数个赞。

有一次我跟她闲聊，你告诉我一下，上一本书你看完记住了什么吗？

她说，忘了。

留下一只乌鸦在叫。

回到家，我看她的朋友圈上说：又看完了一本书。我赶紧给她的朋友圈点了一个赞。

另一个朋友小路，特别喜欢去自习室，然后每次在朋友圈都会看见她的文字：最近很累；快考试了，最后几天拼了；早出晚归……

觉得她真的很努力。可是，该不过的，还是过不了。她的所有考试，留下的似乎都是各种波折和无奈。

因为毕竟，所有的努力，都不是给别人看的，这些努力，是否真正到达了内心，变成了你的能力。一次和她一起自习，看见她带了会计书、英语书、考试卷子，可是，这一切都没有用，因为她还带了手机。

她一上午的学习其实都是在刷朋友圈刷微博，这种所谓的努力，其实只是看起来很努力而已。

看起来每天熬夜，却只是拿着手机点了无数个赞；看起来起那么早去上课，却只是在课堂里补昨天晚上的觉；看起来在图书馆坐了一天，却真的只是坐了一天；看起来去了健身房，却只是在和帅哥美女搭讪。在我们身边，总有一些笔记记得很认真的人，但是考试成绩不理想；也总有那些学习成绩非常好，但看起来并不怎么认真的人。很多人把他们定义为聪明，而我认为，他们只是在学习的时候，摒弃了诱惑一心一意地在努力，那些努力没有让别人看到，那段时间也没有其他的干扰，在玩儿的也用心地在玩。

学习之前，你有没有制定计划，告诉自己今天我要学到什么，背下来什么，掌握什么能力。没有目标的努力，没有计划的奋斗，都只是作秀而已。

你的生活，和别人看你的生活，是否是一样的；那些所谓的努力时光，是真的头脑风暴了，还是，只是看起来很努力而已。

管理人生
从管理财富开始

消费跟挣钱其实一个逻辑，追求的不是简单的吃饱穿暖，而是在有限资源下寻求最高性价比的搭配，谋得最好的收益。

[1]

先说近期自己干的一件蠢事。

2个月前，我一台索尼的超级本的A键盘打飞，变成了残废，我一直放着没管。起初觉得不是大事，家里还有一台备用笔记本，先用旧的就好。结果用了一周后发现旧笔记本实在是跑起来很吃力，跟“伏尔加河上的纤夫”似的，艰难而痛苦。

于是只能背着坏电脑满市中心找维修点。倒霉的是，单位附近的维修点只修苹果电脑，而索尼的维修点我又联系不上。焦虑导致工作效率低，备胎电脑的破罐子破摔的姿态更加恶化我的写作心情。

后来朋友帮我联系上常州的索尼维修点，送过去等了三天的反馈是缺失的零件没有货，需要调货，时间是一周或更长，费用是1000元左右。

近乎一个月的时间里，因为电脑的事情，我在维修点之间来回奔波了6次，每一次的耗时都是2个小时左右，此外原本计划的几个文案项目一再延迟。此外，为了保证公众号文章一周四更的频率，好几天我都是下班后留在单位写完稿子才回家。

这时我才明白自己从一开始就不应该去折腾修电脑的事情，最明智的做法是马上去买一个新电脑，进入正常的工作状态。

早年我开导失恋的朋友时说，“不要因为作废的感情而绊住自己前进的步伐”，而今我自己却干了“因为作废的电子产品而绊住几个月正常工作”的蠢事。

电脑维修这事情给我最大的启发是：花钱消费不仅仅要考虑到钱本身，还有它背后的隐性成本。

[2]

小长假我跟朋友吃饭聊到这事情，她讲了自己读书时候的一件事。

她本科学的是英语专业，学习备考过程中常常要用到陆谷孙老师编的《英汉大字典》，这本字典的体量和重量极其巨大，随身携带是不可能的。当时穷鬼的她在200多元纸质版的《英汉大字典》和2000多元卡西欧电子词典之间纠结了很久后，咬牙买了2000多元的卡西欧电子词典，之后做了一学期的家教才把这笔支出补了回来。

她说，这10年时光，2000元的电子词典给她带来了至少20万的盈利。词典伴随她考专八，考口译，伴随着她接口译活，接企业培训，更伴随着她完成了好几本外文书的翻译。而今，她每接一笔翻译的小CASE，报价都是1万起，还要等排期。

这就是朋友亲历的故事，并不是说一个2000元的卡西欧电子词典就能够演变出20万元，而是这场消费为未来的自己带来了很大的隐形收益。

当然，如果只是跟风买了一个炫酷的电子词典用来炫耀，最后成了摆设，那就是另一回事了。

[3]

我们只要活在这个世界上，就注定要花花花，买买买。

但怎么花怎么买是有讲究的，不然一不留神消费就变成了浪费。

1. 不要因为价格便宜就决定消费，往往这些东西买了也不会用

买一双便宜的鞋子，穿了一次发现既不跟脚又特别容易摩出水泡；买一条牛仔裤穿了一天，发现内裤都被染成了蓝色。然后这些单品统统丢到角落里。

淘宝上有很多9.9元包邮的衣服鞋子，大家冲着“便宜不沾白不沾”的念头纷纷下单，拿到货之后很少有人是反复穿超过3次的。

凡是买的时候不知道用途的东西，拿到手也多半不会用。

2. 一分价钱一分货，在经济可以承受的范围下，尽可能去买贵的

不要过于相信便宜也会有好货的说法，大家可以对比下自己在淘宝上的购物，便宜且好货的商品占比有多少，为了挑选到这些“性价比高”的商品，你们付出了多少错买的代价。

怎么看性价比。同样的跑步鞋，高仿几十元，杂牌一两百，阿迪、耐克、安德玛、TIGER等性能高一点的鞋子需要七八百甚至上千，但对于一个运动频率很高，对身体健康特别重视的人而言，好的跑步鞋就是性价比高的产品，能带来不一样的跑步快感，还能有效地保护膝盖。

但如果一个人买跑步鞋只是为了一次街拍，或者仅仅是体验一次跑步的感觉，那么我个人建议杂牌子都不要买，直接跟闺蜜借一双洗得干净的品牌鞋，用完了洗干净再还给人家，岂不更好。

3. 时间也是钱，有时候比金钱本身更加值钱

如果逛街购物可以带来超越一切的快感，如果逛街购物可以帮助你挣一

大笔银子的话，那么尽管拿着你的时间去SHOPPING。但除此之外，一个人如果可以把逛街所谋杀的那些时间拿来做点正经事，恐怕生活早就变得大不相同。

我曾经跟频繁淘宝的表妹说过，“如果你是通过刷各种淘宝便宜货来培养自己的穿着打扮的品位的话，那么你一辈子都只能穿着淘宝爆款；如果你把大量的时间浪费在淘宝上找高仿的话，那么你一辈子可能只能买得起淘宝的高仿。”

还有，不要过度崇拜那些“时尚达人”，觉得她们人生不就是逛逛街、拍拍照片，为什么你不可以。人家SHOPPING的时候PO张照片就可以有钱入账，当然起了劲去逛街走时尚啊，但你们的逛街SHOPPING只能给商家送钱。

4. “一步到位”有时候是“等着浪费”

我装修房子那会，我妈就觉得有几个房间就应该装几台电视机。结果我家的两个卧室的电视机属于长年累月关闭状态，客厅的电视机只是拿来看看高清电影，其他时候也处在闲置状态。

所谓的一步到位，最近看看都是浪费。

5. 发红包的时候留心计算下成本

我认识一人，号称自己有上万的朋友，过年过节发出去的红包就近10万，但每年能收回来了红包不过二三万。

有朋友可能会说红包交际本身就不是看收益的，可是每一个红包群中有多少真正有帮助的人际关系在呢，有多少在未来会帮助你办事的呢。

换个角度想，每次几元钱的红包就是博得大家哈哈一笑，但真的遇到大事难事了，该愿意帮忙的人不要红包也会帮忙，不想帮忙的人也不会为了这几元的红包就改变态度伸手相助。

如果真的要搞好圈子关系，拿着这10万元好好1对1做人情往来，效率岂不是远远高过这些毫无目的的红包炸弹?

6. 这条是针对女生的，买面膜是一种持续的消费，冲动下尝鲜改变不了皮肤的质地

《欢乐颂》里樊胜美用的纪梵希黑藻蕾丝面膜400元一片，估计很多妹子都蠢蠢欲动。可是高档的面膜效果再惊人，不持续地敷，好皮肤也维持不了多久。

不说纪梵希这款面膜，就说平日里大家口碑好的SK2的面膜，很多人都说结婚前密集敷上一周，皮肤犹如新生。但问题是，瞬间新生了之后的日日夜夜该怎么凑合?

面膜跟精华液的效果一样，不可能起到立竿见影换脸的效果，它们只能逐步改善皮肤的质地，减缓皮肤衰老的速度而已。更重要的是，它们必须持续使用，不能有钱了就用两次，没钱了就用大宝，皮肤能好就见鬼了。

所以，没有持续消费高档面膜的朋友，还不如把钱省下来做好基础洁面和保养，多吃水果，多喝水，多运动出汗排出毛孔中的灰尘，出门做好防晒。

[4]

上面的消费都是在浪费金钱，但我们生活中也有一些消费在给我们送钱，只要大家换个思维角度就会发现。

1. 拿了工资给商家送钱，为什么不考虑先给自己送钱

我们会把工资的一部分送给各种商家，我们也可以把钱送给银行，送给基金公司，送个微信理财通或者支付宝，送给股市，送给P2P。就把这些理财的机构当成商家，把他们提供的分红、利息、福贷、加息券等增值服务当成商品，而且只要风险控制得好，我们还拿得回本金。

2. 职场花钱考证也有很高的性价比

为什么银行里很多人都在考考考，会计事务所里年轻人都要考考考，因为跟工资挂钩啊，注册会计师证书收到，工资就能跳上一级。

不过非行业的人去折腾这些考证，我个人认为比较无聊。准备一场考试需要耗费很多的时间精力，如果这些时间精力最终不能对职场长远发展带来更好收益的影响，那就不值得去做。

3. 还有一种消费是当前花钱进去，未来才能看到投资收益

经济低谷的时候买入资产（包括房地产、贵金属、股票基金等），在很长一段时间这笔消费可能是亏损的，持续购买持续亏损。但实际上，浮亏只是经济下行的表象，当经济走出低谷，这些资产的价值会被放大，并且带来持续的盈利。

非典时期买房子的人，金融危机时期买股票的人，这些年应该尝到了这笔消费所带来的红利。

此外还有很多的消费也会对未来的高质量生活带来帮助。比如消费运动保持健康，比如消费技能提升职场，再比如培养兴趣和擅长，发展一技之长，等等。

[5]

当我们掏出一笔钱的时候，问问自己：

1. 这笔买卖是刚需还是冲动，是有必要还是可有可无；

2. 这笔买卖能带来多长久的愉悦感和幸福感；

3. 如果不买，会不会对当下的生活产生不可逆的负面影响，会不会后悔一生；如果买了，会不会在未来给自己带来长久的收益和福利。

很多朋友都抱怨自己读过很多理财的帖子，看过很多理财的经典书，但依然觉得自己管不好钱，赚不了钱。原因在于大家学了太多的理财“小技巧”却并没有找到赚钱的“大智慧”。

理财是庞大的课程，绝对不是单纯的学点财务知识，会看报表，懂得股票基金的投资之道，偶尔玩玩P2P还能全身而退。这些都是技能，是“术”的东西。但世界是复杂，人生是综合的，不能只懂玩金钱的“术”，却不了解金钱存在的“道”，后者才有大智慧。

管理财富需要三种技能：第一会挣钱，第二会花钱的，第三会管理钱。当这三种都融会贯通的时候，大家会发现，管理财富最终就是帮助大家管理好了人生，管理好了家庭关系，管理好了职场发展。

一通俱通，一荣俱荣。

千万不要和烂事去纠缠

[1]

有一年，我和老板在珠海过关去澳门的时候，被一个乞丐扯住了。

乞丐身强力壮，一副不给钱不让你走的样子。

那个时候我23岁，年轻气盛，顿时非常气愤，和他倔住了。

我当时的态度是：你这是抢钱还是乞讨？你还这么年轻，不知道自己去赚钱啊？就算你扯住了我，我也不会给你钱！

老板发现我没有跟上来，原路返回找到了我。

他大致了解清楚后，和那个乞丐赔了个笑脸，马上从皮夹里掏出10元给了他，带着我匆匆离开。

一路上，我有点闷闷不乐，老板看穿了我的心思，说，“是不是还为刚才的那个事情感到憋屈？”

我说，“是啊，这种人就不应该惯着他，不能认怂，憋了一口恶气在心里有点不舒服”。

老板对我嘿嘿一笑，说，“和他纠缠下去没有意义，客户还在澳门等着我们，耽误了时间怎么办？桌子，你以后要记住一句话：想做大事的人从来不会在烂事上面纠缠！”

老板说的话，我当时根本没有听进去，当时只顾着自己的憋屈和难受了。

[2]

记得有一次高校毕业季，公司在大学里面招聘了一批应届大学生。

其中有个女孩，长得高挑漂亮，口才和能力都不错，她和副总的关系处得比较好。

在他们的那一批应届大学生中，大部分人都不喜欢这个女孩，尤其是女性，那个时候流言四起，有人说她勾搭副总，企图获得职务晋升，甚至有人说，有一次看到她脸红扑扑地从副总办公室出来，肯定是两个人做了见不得人的事情。

她和副总的八卦成了他们那一帮人私下同事聚会、闲谈，最重要的谈资。

有一次我和她一起外出，聊天的时候，我忍不住点了她一下，“你知不知道现在公司都在传你和副总的绯闻，你要不要避讳或者澄清一下？”

她却对我付之一笑，说：“没事，身正不怕影子歪，我现在真的特别忙，没有闲工夫去扯这些烂事。”

后来，她依然我行我素，根本没有去理会那些嚼舌根子的人。

和她接触之后，我发现她真的是很忙，上班的时候工作做得尽善尽美，为了业绩非常拼，PPT美得像画卷一样，数据也都非常翔实。下班的时候，她不是上英语补习班、考职称，就是在健身房，每一天都过得很充实。

而那些喜欢嚼舌根子的人都闲得难受，不仅工作做得差劲，而且没事就喜欢聚到一起聊别人的八卦和隐私，仿佛他们就靠着这些东西度过闲得无聊的日子。

一年后，戏剧性的一幕来了。

副总结婚了，新娘不是她，而她也新交了男朋友，她和副总的绯闻不攻自破，那些散布谣言的人，被啪啪啪打脸。

两个月后，更戏剧性的一幕来了。

公司提升了那个女孩的职务，成为那些嚼舌根子人的顶头上司，提升的理由也很简单，因为她一个人的业绩是那一批人总和的一半。

这个时候，那些之前嚼舌根子的人，纷纷掉转枪头，一个劲地拍她马屁，有的从家里拿来特产送给她，有的时不时地送零食给她吃，甚至有的人出卖朋友，向她打小报告，说之前的谣言是谁谁谁传出来的。

记得之前听过的一句话：离太闲的人远一点。

深以为然。

闲人要是只是清闲就好了，他们还喜欢搬弄是非，造谣生事，不然他们的世界就没有一点趣味了。

她非常清楚这一点，不去理会这些烂事，和这些闲人争个高下，没有任何意义。斗赢了一堆闲人，你有什么成就可言？

有一句话说得特别好，看一个人的价值，去看他的对手就行了。

我不是不想和你斗，而是你不值得让我斗，我不屑和你斗！

通过这件事情，我也真正明白了老板说的那句话：想做大事者从来不会在烂事上面纠缠。

烂事之所以烂，是因为你越在乎它，它越烂，让你跟着它一起烂，永远陷在里面。即便最后你搞赢了它，你所耗费的时间、人力、物力、财力，一去不复返，非常不值得。

周国平曾经写过一篇文章，大意是说为什么成功的人会在小事上面认怂。其实并不是成功的人懦弱无能，而是因为他们的时间值钱，去和小事纠缠的功夫已经失去大把赚钱的机会，他们不过是理性平衡之后做出的最佳选择。

一个月赚100万元的人和一个月赚1千块钱的人，他们每分钟值的钱，能一样吗？

[3]

自从我在公众号上面写作以来，我加了很多作者微信群。

我发现一个规律：越是文章写得烂，公众号越是做得不好的作者，越喜欢整天在群里面叽叽歪歪，这里说谁的文章写得不好，那里说谁的文章论点站不住脚，他们的语言攻击性很强，火药味很浓，好像整天闲得慌。

而那些文章写得好、公众号做得也好的作者，几乎不见他们在群里面说话，投完稿后就不再冒泡，即使他们的文章被那些烂人点评为三观不正，他们也懒得回复半个字。

其实并不是他们怂，而是因为他们还有更重要的事情要做，要是有这样的闲工夫，一篇稿子又写完了。

成功者不会在小事上计较，但却洞察方向、把控全局。懦弱者才会在小事上据理力争，然而遇到一点困难就妥协。

我们每个人一生的精力是非常有限的，因此，欲成大事的人，必须将精力集中起来，心无旁骛才能专心致志。如果把精力和时间都浪费在一些烂事上面，必然对我们所做的事情产生很大的阻碍。

[4]

不在烂事上纠缠，是一种处世哲学，它还适用在很多方面。

你带女朋友去吃饭，遇到流氓向你女朋友吹口哨，你每天想的应该不是怎么对付流氓的这些烂事，你应该努力挣钱带她去高档的餐厅吃饭，因为那里没有流氓。

你深爱你的女朋友，你就不要去在意别人和你说你女朋友过去的恋爱史，这些小事没有必要在意，谁没有过去呢？你要想的是如何和她过好以后的人生。

你陷在一段不幸的婚姻里，你要想的应该不是怎么和渣男斗，你应该想的是怎么快速离开渣男，提升自己的生活品质，过好往后的生活。

你现有的圈子里面，都是一群负能量爆棚，喜欢诋毁、攻击别人的人，你要想的不是如何打败他们，你应该加快你的脚步，脱离这个圈子，进阶到一个更高级的、充满正能量的圈子。

人生苦短，我们要做的事情很多，如果你想要收获一个丰盛美满的人生，就千万不要和烂事去纠缠！